U0232750

中国科普大奖图书典藏书系

一只萤火虫的旅行

付新华◎著

长江出版传媒 湖北科学技术出版社

图书在版编目（ＣＩＰ）数据

一只萤火虫的旅行 / 付新华著. — 武汉：湖北科学技术
出版社，2017.4（2019.11重印）
（中国科普大奖图书典藏书系）
ISBN 978-7-5352-8196-8

Ⅰ. ①一… Ⅱ. ①付… Ⅲ. ①萤科－普及读物
Ⅳ. ① Q969.48-49

中国版本图书馆CIP数据核字（2017）第050834号

一只萤火虫的旅行
YIZHI YINGHUOCHONG DE LYUXING

责任编辑：刘　辉　高　然　傅　玲　　　　　　封面设计：胡　博

出版发行：湖北科学技术出版社　　　　　　　电话：027-87679468
地　　址：武汉市雄楚大街 268 号　　　　　　邮编：430070
　　　　　（湖北出版文化城 B 座 13-14 层）

网　　址：http://www.hbstp.com.cn

印　　刷：武汉乐生印刷有限公司　　　　　　　　　　邮编：430026

700×1000　　　　1/16　　　　　　　　10 印张　　2 插页　　134 千字
2017 年 4 月第 1 版　　　　　　　　　　2019 年 11 月第 3 次印刷
　　　　　　　　　　　　　　　　　　　　　　　　　　定价：38.00 元

本书如有印装质量问题　可找本社市场部更换

总　序
ZONGXU

　　我热烈祝贺"中国科普大奖图书典藏书系"的出版！"空谈误国，实干兴邦。"习近平同志在参观《复兴之路》展览时讲得多么深刻！本书系的出版，正是科普工作实干的具体体现。

　　科普工作是一项功在当代、利在千秋的重要事业。1953年，毛泽东同志视察中国科学院紫金山天文台时说："我们要多向群众介绍科学知识。"1988年，邓小平同志提出"科学技术是第一生产力"，而科学技术研究和科学技术普及是科学技术发展的双翼。1995年，江泽民同志提出在全国实施科教兴国的战略，而科普工作是科教兴国战略的一个重要组成部分。2003年，胡锦涛同志提出的科学发展观则既是科普工作的指导方针，又是科普工作的重要宣传内容；不是科学的发展，实质上就谈不上真正的可持续发展。

　　科普创作肩负着传播知识、激发兴趣、启迪智慧的重要责任。"科学求真，人文求善"，同时求美，优秀的科普作品不仅能带给人们真、善、美的阅读体验，还能引人深思，激发人们的求知欲、好奇心与创造力，从而提高个人乃至全民的科学文化素质。国民素质是第一国力。教育的宗旨，科普的目的，就是为了提高国民素质。只有全民的综合素质提高了，中国才有可能屹立于世界民族之林，才有可能实现习近平同志最近提出的中华民族的伟大复兴这个中国梦！

　　新中国成立以来，我国的科普事业经历了1949—1965年的创立与发展阶段；1966—1976年的中断与恢复阶段；1977—

1990 年的恢复与发展阶段；1990—1999 年的繁荣与进步阶段；2000 年至今的创新发展阶段。60 多年过去了，我国的科技水平已达到"可上九天揽月，可下五洋捉鳖"的地步，而伴随着我国社会主义事业日新月异的发展，我国的科普工作也早已是一派蒸蒸日上、欣欣向荣的景象，结出了累累硕果。同时，展望明天，科普工作如同科技工作，任务更加伟大、艰巨，前景更加辉煌、喜人。

"中国科普大奖图书典藏书系"正是在这 60 多年间，我国高水平原创科普作品的一次集中展示，书系中一部部不同时期、不同作者、不同题材、不同风格的优秀科普作品生动地反映出新中国成立以来中国科普创作走过的光辉历程。为了保证书系的高品位和高质量，编委会制定了严格的选编标准和原则：一、获得图书大奖的科普作品、科学文艺作品（包括科幻小说、科学小品、科学童话、科学诗歌、科学传记等）；二、曾经产生很大影响、入选中小学教材的科普作家的作品；三、弘扬科学精神、普及科学知识、传播科学方法，时代精神与人文精神俱佳的优秀科普作品；四、每个作家只选编一部代表作。

在长长的书名和作者名单中，我看到了许多耳熟能详的名字，备感亲切。作者中有许多我国科技界、文化界、教育界的老前辈，其中有些已经过世；也有许多一直为科普事业辛勤耕耘的我的同事或同行；更有许多近年来在科普作品创作中取得突出成绩的后起之秀。在此，向他们致以崇高的敬意！

科普事业需要传承，需要发展，更需要开拓、创新！当今世界的科学技术在飞速发展、日新月异，人们的生活习惯和工作节奏也随着科学技术的进步在迅速变化。新的形势要求科普创作跟上时代的脚步，不断更新、创新。这就需要有更多的有志之士加入到科普创作的队伍中来，只有新的科普创作者不断涌现，新的优秀科普作品层出不穷，我国的科普事业才能继往开来，不断焕发出新的生命力，不断为推动科技发展、为提高国民素质做出更好、更多、更新的贡献。

"中国科普大奖图书典藏书系"承载着新中国成立60多年来科普创作的历史——历史是辉煌的,今天是美好的! 未来是更加辉煌、更加美好的。我深信,我国社会各界有志之士一定会共同努力,把我国的科普事业推向新的高度,为全面建成小康社会和实现中华民族的伟大复兴做出我们应有的贡献! "会当凌绝顶,一览众山小"!

中国科学院院士
华中科技大学教授　杨叔子　二0一二　九·廿八

序 言

萤火虫是一类美丽而神秘的昆虫。唐代诗人虞世南的诗:"的历流光小,飘摇弱翅轻,恐畏无人识,独自暗中明。"十分形象地描述了萤火虫的形态和行为学特征;南宋诗人陆游脍炙人口的诗句"老翁也学痴儿女,扑得流萤露湿衣",更是展现了无论男女老少对萤火虫的喜爱和痴迷。

然而从古到今,人们对萤火虫还缺乏在科学意义上的认识,甚至以讹传讹,导致"化腐为萤"这样的错误说法流传千年。我是从农村走出来的,萤火虫也是我童年美好的回忆。记得儿时每当夜幕降临,看着漫天飞舞的流萤和眨巴眼睛的繁星,就像进入了一个梦幻世界,着实让人流连忘返。40年过去了,在现代农业、现代工业、现代都市化高速发展的同时,自然环境受到了毁灭性的破坏,使得原本在生态系统中占据底层位置且数量较大的萤火虫逐渐消失甚至灭绝,让人心痛不已。现在90%以上的城市孩子都没有见过萤火虫,这不能不说是一个遗憾。

本书的作者是我国第一个专门研究萤火虫的博士,他将全部精力都投入到了萤火虫的研究和保护之中。作为他的导师,我是看着他一步步地成长发展起来的。刚开始研究萤火虫时,国内没有任何资料可以借鉴,他积极主动联系国外的专家,虚心请教,终于完成了国内第一篇关于萤火虫的博士论文。毕业留校工作的初始,研究经费很少,他却无怨无悔,一直坚持他痴迷的萤火虫研究。他常年跋山涉水,在黑暗中前行,寻找着美丽的精灵,可

001

谓是不辞辛劳,不畏风雨,其目的就是为了能发现更多的萤火虫种类,一方面展现它们的科学价值,另一方面将自然的美还给人类。

　　本书图片精美,文字活泼生动,真挚感人。相信看到这本书的人都会被种种萤火虫深深吸引,从而好好爱护萤火虫,保护它们的生存环境。这对大家都好。

2016年6月25日/武汉狮子山

中国科普大奖图书典藏书系

童年的荧火梦

岁月就像一个筛子，那些所谓快乐的和伤心的往事会逐一漏下，唯有童年的点滴剩下。萤火虫儿不曾飞到我装满海风以及水兵的童年，20年后却在一个夏夜里径直地抓住了我的心，让我用毕生的时间去补偿它、陪伴它。为了弥补这一遗憾，我不停地行走，去问询别人童年的荧火梦。听着他们回忆并诉说童年和萤火虫儿相玩的情景，脸上一副孩子般的神情。

我问一位新结识的在成都搞设计的朋友："小时候见过萤火虫吗？萤火虫给你留下最深的印象是什么？"一大口啤酒下肚之后，这位戴着黑框眼镜的小伙子说："见过，萤火虫给我的最大印象是黑暗绝望中的鼓舞。"他说他小时候非常顽皮，有一天下午带领3个小伙伴爬上了成都周边的一座荒山，路非常难走，用刀劈开顽强的青藤后才能露出古时遗留的栈道，他们爬上山就为了看更多的星星。不料下山的时候迷路了，没有带任何食物和水，也没有火把照路。他们绝望地围坐在一起，被周边无尽的黑包围着，狼嚎声不时地响起。他们手里攥着小刀，手心渗着冷汗，任何响声都会让他们坐立不安。朋友说道，这时，突然几只萤火虫飞过他们头顶，就像大海上远方的一座灯塔，让他们的心顿时温暖起来，重新燃起了希望，身上也充满了力量。

一位孩子的妈妈说起小时候的夏夜里，她和小伙伴在家门口捉迷藏，月华如练，漫天的萤火虫就飘游在身边，萤火虫像身上装着电灯开关的小精灵，一闪一闪。有的中年人跟我讲他们小时候将萤火虫缝在毛豆荚里，再用线将发光的毛豆荚串起来做成小灯笼，提着到处跑；有的女孩子将萤火虫儿装入瓶中放在蚊帐里，看着它们一闪一闪地才肯入睡，一晚上都在做闪闪烁烁的梦；有的男孩子恶作剧地将萤火虫捏死，然后在其他小伙伴的脸上一抹，脸上便有一道长久不灭的荧光带，然后肆无忌惮地哈哈大笑。

在湖北大别山寻萤时，我住宿在一家小客栈里，客栈的老板听说我来研究萤火虫，顿时打开了话匣子。他兴奋地描述小时候将鸡蛋钻一个洞，然后将蛋黄和蛋清倒出，装入萤火虫，做成了一盏萤火虫小蛋灯，提着到处跑。在成都安龙村调查萤火虫时，借宿在村中一户人家中。饭后，我一边喝着茶，一边问长得很像李连杰的房东大哥小时候见过萤火虫吗，大哥轻描淡写地说："见过，小时候多得不得了，经常飞到家里的天井里，可是现在很少了。"

我问大哥假如以后再也见不到萤火虫了会有什么感想。大哥沉默了一会儿，略带伤感地轻声说："如果见不到了，那也没办法，也只能这样了。"我可以理解他的感受，他对于这个世界的改变是很无奈的，只能被动地接受。现实生活已经压得他喘不动气了，他已经无暇顾及这些只存在于童年中的小虫。

更多的城里的大人和孩子一样，从来没有见过萤火虫，他们蜂拥着去看公园里放飞的萤火虫，那些抓自大山里的一闪一闪、奄奄一息的萤火虫，仿佛再不看，就永远看不到了。这些宁静而平和的萤火虫真的已经离我们远去，它们或许只存在童年或者童话中。

生活的节奏越来越快，人也变得冷漠和势利，无数的人在努力地实现自己的理想，又因一次次的挫折而垂头丧气。或许某一天，你应该放下一切，背上行囊去没有喧嚣的山里看看萤火虫儿。萤火虫的光芒虽然很微弱，却能划破黑暗，给人以慰藉和希望。浮华之下，虽然理想的光亮有时候会显得很微弱，但它值得我们去追寻、去守护，因为它终将照亮我们的人生。

作为一个萤火虫的研究者和保护者，我与萤火虫的结缘可以说很早也可以说很晚。我一直很想写写萤火虫的故事，可是不知如何下笔。15年的萤火虫研究历程，冷暖自知。萤火虫在这个世上的旅行有时候也是我们自己的旅行：孤独，执着，努力，坚持不懈。有一天，我邂逅了一只萤火虫，于是，故事就这样发生了。

狮子山下　旅途起点

华中农业大学校园里的路边草丛是我有生以来第一次与人相遇的地方。虽然这种邂逅一点儿也不浪漫温柔。

某个夏夜雨后，在一栋实验室旁边的茂密草丛中，我还是一只总觉得自己丑陋、一点儿也不自信的萤火虫幼虫。我在寻找着美味的蜗牛，但还得经常点点灯来赶走那些想对我图谋不轨的异类生物。突然，一个男孩子的手从空中落下来，把我抓在手中。我被吓了一大跳，使出最强的光以示警告。突然间我又被扔掉了，瞬间的失重让我有了一种飘然的感觉，好像我能飞了。我重重地摔了下来，现实提醒我得抓紧时间逃跑，人类太可怕了。很显然，这个愚笨的家伙也被我吓了一大跳。

过了一会儿，本以为没事了，可我还是被这个执着的大男孩用镊子夹了起来，装在一个透明的玻璃盒子里。我忐忑、紧张地望着眼前这个模糊的大家伙，他似乎在沉思，不时地打开盖子用镊子轻轻碰一下我。我也毫不客气地继续使用超强光警告来吓他。

最后我被这个家伙小心翼翼地释放了，我自由了，并且还是在我原先的地方。人类有时候真是奇怪的动物，我嘀咕着继续找吃的。吃是我的第一要务。

我的家坐落在美丽的武昌南湖之滨、狮子山麓。狮子山曾是日军占领区下的靶场，满目疮痍，寸草不生，漫天黄土。几十年以后，这片占地495公顷的土地如今已是绿意盎然，生机勃发。狮子山上植被茂密，物种繁多，光种子植物就有151科,约1000余种,其中树木41科367种。除开一般的绿化树种外,狮子山上还挺立着许多珍贵树种,如铁坚油杉、金钱松、红豆树、墨西哥落羽杉、海南五针松、榉树等。这里是林的海洋,动物的天堂。

晴日,鸟儿在翁郁氤氲的凝翠中欢畅地飞来飞去,每到夜晚,我的前辈们就在狮子山中飘来飘去,放射出光芒,与天空的星星谈心。林子里面有小石块砌就的步道,那些年老的人累了可以坐在石凳上休憩。我的前辈的前辈告诉我的父母说,这些年老的人喜欢盯着它们看,仿佛它们的思绪便随着前辈们的小灯笼四散而去又复还回来。

鸟儿朋友们叽叽喳喳地给我讲述它们白天看到的一切,这样,虽然白天我被日光封印,但是依然知道校园里发生的一切。校园三面环湖,近9000米湖岸线蜿蜒曲折。清晨,可以来湖边散散步,呼吸着城市中难得的清新空气。湖边晨读的学生专注地朗读着英语、练习着写生。许多钓鱼客可以一杯清茗、一根钓竿,惬意地在湖边打发掉一天的时间。不时有小孩跑过来翻翻竹篓,好奇地看看究竟钓到了多少鱼。

湖边有茶学专业的试验田,一大片绿油油的茶园,外面没有栅栏,也没有人看管,可以大胆地进去摘一片嫩绿的叶芽,轻轻地拂去泥土,放在嘴里慢慢咀嚼。茶香和点点涩味会透过舌尖,驱走你的倦意和疲惫。不过我对茶不感冒,只对新鲜而慢吞吞的"小牛仔"感兴趣。

沿茶园绕南湖边南行数十步,就是水产学院的试验田——水塘。水产养殖基地里面养殖了不少大大小小、各种各样的鱼,如果运气好的话,可以看到戴眼镜的老师指导戴眼镜的学生捕捉鱼进行实验的场景。鱼塘中,老师和学生奋力地将一条几十斤重的大草鱼抱出水面,滑不溜秋的鱼儿力气大得惊人,突然间尾巴来回摆动,捉鱼的人稍不留心便会被带倒在水中,鱼塘边观看的学生们从加油的呐喊声骤然转变成惊呼声。我也是旱鸭子,真羡慕我的一些远亲水萤,它们就可以自由地在水中游来游去,爬来爬去。

如果走得渴了,可以去食品科技学院转一转,运气好的话还能讨得一杯学生们自己酿造的啤酒喝。一边喝着华农嫩啤,一边看着男生们在篮球场

墨西哥落羽杉
　　这是一种原生于墨西哥南部、被当地印第安人称为"阿胡胡特"的柏科大树。这种大树喜水，一般生长在高地的河岸边。在墨西哥瓦哈卡州圣玛丽娅－德图尔，生长着一株直径达14.05米的墨西哥落羽杉，曾被认为是世界上已知的最粗的树。

上龙腾虎跃，不时为他们加油喝彩，惬意无比。我可不喜欢这"猫尿"，我只喜欢草尖晶莹透亮的露珠。

　　学校里还有康思农蜂蜜示范园，园中的蜜蜂博物馆可以告诉你蜜蜂文化的一切。园中央摆放着数十箱蜜蜂，成千上万的蜂儿不会理会你的存在，兀自忙碌。它们匆忙地进进出出，酿造蜂蜜，照顾家人。园中的养蜂师傅还可以现场为你演示如何饲养蜜蜂和割蜜。往嘴巴里塞一块刚从蜂箱中割下的带有蜜的蜂巢，轻轻嚼下，甜香的蜂蜜和着滑滑的蜂蜡直沁心脾，听说略微有点黏牙的蜂蜡的按摩效果比口香糖还要强百倍哩。我听朋友说过蜂蜜这东西不错，可惜蜜蜂们戒备森严，弄不到，我只好继续抓"牛"咯。

　　走在写满历史沧桑的梧桐树所遮挡的林荫大道

胸窗萤幼虫捕食蜗牛

上，不经意间会发现一座黑色的张之洞雕像。这座雕像不大，背对着一座古老的三层教学楼，面向着南方的足球场，凝视着这座他百年前创立的"湖北农务学堂"里的人来来往往。我的鸟儿朋友们会经常落在他的肩膀上歇息，看着这些人类忙忙碌碌。

据鸟儿的曾曾曾……曾祖父讲，张之洞这个人比其他人会折腾，他开创了一系列耸动中外的早期现代化革新，让武汉由一个破旧的市镇一跃而为"驾乎津门，直追沪上"的近代大都会。他所任职之处——广州、武昌、南京，几乎都成了革命思想的发源地。时间飞逝，张之洞身上所承载的荣誉和梦想、权力和金钱都化成了浮云随风而去，他所创立的农学堂却继续着他的强国梦，狮子山麓的荧火一直闪耀百余年。

时间过了好久，我吃饱了，睡足了，我在土里打了一个洞把自己封起来，我感觉一些剧烈的变化在我身上发生——在痛苦的抽搐中，我脱掉了这曾让我憎恨厌恶、使我极端不自信的丑陋的黑色外衣，我变白了，但是动不了。还好，我的光武器还在。又过了好久，我挣扎着又脱了一层皮，在这个过程中我必须相当谨慎，否则我就完蛋了。我惊喜地发现，我长翅膀了，虽然它开始还是白色的，软软的，但是我感觉到它在变硬、变黑。

我感觉到浑身充满了力量，我试探着用手推了推头顶的泥土，"轰"一声，泥土崩落下来，我能看到了。我急切地爬了出来，迷人的月光洒在我身上，美丽的世界，我又回来了。我爬上一棵小草，打开翅膀，但我还不会用它，我能飞起来吗？我着急地爬上爬下，身上的光也急促起来。有的时候，需要赌一把，在学会走之前，要先去跑。我张开翅膀，剧烈地扇动着，手脚

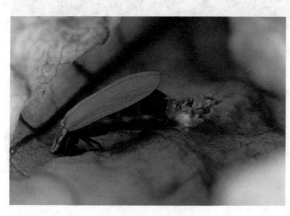

胸窗萤雄成虫羽化

全部打开,拥抱天空。我用力一跃,成功了,虽然还有点跌跌撞撞,但是我会飞了。我盘旋着,熟悉着我的家,身后的一切都在快速地倒退、模糊。我贪婪地呼吸着新鲜的空气,闻着从未闻过的花香,注视着一切新鲜的东西,恨不得一股脑塞到眼里。

　　我突然意识到,我是第一只出现的萤火虫,我的伙伴呢?突然间,我感到非常孤独、害怕。看着远处的光,那是什么?是我的伙伴吗?那肯定是,伙伴们我来了,我朝那一串串璀璨的光、流动的光飞去。

胸窗萤

Tips

旅游小贴士

下飞机后可直接沿三环线直达华中农业大学,市内可搭乘571、576、591路公共汽车,在终点站"南湖狮子山"下即可。住宿可在校内的国际学术交流中心,夜晚很安静,清晨会被调皮的小鸟唤醒。用餐可在国际学术交流中心的餐厅,那儿的竹香武昌鱼是来华农必尝的一道美食。现在华农的萤火虫不多了,真希望它们逐渐多起来。

车胤囊萤

当我飞近那发着光亮的东西时，才发现那不是我的同伴。那是人类的路灯，它太亮了，亮得让我目眩和窒息。我失望地赶紧飞走了，继续寻找我的伙伴。

在一次狂风大作、雷电交加之后，我被卷进了一个漩涡。醒来的时候我看到了许多点着小灯笼的同伴，我高兴地飞上前去和它们打招呼。同伴们见到我都很好奇，纷纷围上来问东问西的。可就在这个时候，它们突然惊恐地四散逃离——一个人类正在捕捉它们。眼看着它们一个个都被抓了起来，然后被装入一个绢布袋子中，我也赶快逃离了这里。突然间，我也被一双小手轻轻抓住，放进了袋子中。透过绢布的缝隙，我看到这个小孩竟然借助我们发出的光来读书。在一贫如洗的草屋中，书桌上方挂着轻轻摇摆着的忽闪忽闪的荧火灯，微弱的荧火映出这个孩子那张稚嫩、消瘦而又坚毅的脸庞。"车胤，该睡觉了。"一个女人的声音响起。"好的，母亲。"孩子回应道。原来这个孩子叫车胤。

几天后的一个晚上，袋子被打开了，同伴们争先恐后地飞出袋子。自由真好，我也飞向了蓝天。在我离开的时候，我转过身看着车胤，他好像在喃喃地说些什么。这时候，天阴下来了，雷电交加，我被时空漩涡吸回了现实。抓萤火虫读书的家伙到底是谁？借助荧火他能看清书吗？我决定回到那天晚上抓我的那个痴迷于萤火虫的男孩身边去问个究竟。

夜很深了，那个男孩还在地下室里鼓捣着发光LED灯，他似乎想尝试破译我们的语言。我从窗户的缝隙飞了进去，落到了他的对面。我闪了闪眼睛，他吓了一大跳，看样子我又吓到他了。我快速地告诉了他我的经历，他也用LED缓慢地回复。人类真笨，连学说话也这么慢，算了，忍忍吧。不一会儿我俩就像糖黏豆一样分不开了，他管我叫小新，我管他叫新华。新华查了查资料，用LED告诉了我车胤的故事。《晋书·车胤传》记载："夏月，则练囊盛数十萤火以照书，以夜继日焉。"大意是晋朝人车胤自幼家境贫寒，经常无钱买油点灯，为了能在夜间读书，他用白绢做成透光的袋子，装入几十只萤火虫照着竹简，夜以继日地学习，终于"博学多通"。然而，古往今来，许多人对此表示怀疑，这么微弱的光如何能看清竹简上的字？更有不少现代人对此嗤之以鼻，认为车胤是作秀，"与其白天浪费时间去抓萤火虫，还不如白天抓紧时间学习，这纯粹是炒作，无聊透顶"。"囊萤夜读"到底是真实存在的，还是古人以讹传讹？

　　"小新，你知道吗？"新华皱了皱眉头朝我说道，"首先，认为车胤靠白天抓萤火虫夜晚读书而炒作出名的说法是错误的。萤火虫是一类夜行性的发光甲虫，白天栖息在草丛或土壤缝隙中，很难发现，更不用说采集数十只回来夜读了。古时候水流清澈，幽蓝的夜空繁星璀璨，萤火虫数量应该非常之多，可以想象车胤能轻易地从家门口或田边捕获大量的萤火虫。更何况，古人不似现代人这般爱炒作。其次，关于'囊萤夜读'的可行性问题，我做了一个实验。在一个150毫升的透明玻璃烧瓶中，分别放入25、50及100只

囊萤夜读

实验室饲养的萤火虫，将一张打印有12号宋体文字的A4打印纸放在距离烧瓶3厘米处，借助萤火虫发出的光辨认文字。在放有25只萤火虫的'萤光灯'下，字迹无法看清；在放有50只的'萤光灯'下，能看清字迹；而在放有100只的'萤光灯'下，能清楚地看清字迹，但仍非常费劲，我努力坚持5分钟后眼睛感到非常疲惫，开始头疼。其原因在于大多数的萤火虫发出的光是一闪一闪的，不像我们的电灯泡一样常亮，这盏'车胤牌''萤光灯'发光极为不稳定。人眼的瞳孔不断地进行调整来适应这种忽明忽暗的光，眼睛很快就会因此而疲惫，所以我们的眼睛会本能地排斥这盏'萤光灯'。"没想到我的人类朋友新华虽然笨了点，但是分析得头头是道，我表示完全赞同。

用来验证"车胤囊萤"的烧瓶，里面分别装了25、50及100只萤火虫，以测试看书的效果

新华接着说："'车胤囊萤'的故事应该是真实的，但也只有小孩才能想出这么有趣的主意。可是囊萤夜读的效果并不好，我们可以想象，车胤应该只坚持了几个晚上，几天过后，绢布袋子中的萤火虫就会全部死掉。古人大多敬仰和钦佩刻苦读书的精神，而不会在意车胤是否会坚持用萤火虫照亮来读书，然而这种刻苦奋斗、寒窗苦读的精神早已广为流传。现代人夜晚读书不需要像车胤那样费劲，只需轻轻一扭台灯开关，稳定明亮的灯光顿时驱走黑夜，但'囊萤夜读'的精神应该长留在我们心中。"

我得到了满意的解答，正要告别他继续我的旅行时，新华说："等等我，我和你一起去，旅途中我还可以保护你。"哈哈，终于告别了一个人的旅行了。

安帕瓦——萤火虫之乡

听新华说泰国有我的洋亲戚，号称是世界上最美的萤火虫，可我从来就没有见过它们。正好新华说在这一年的8月，他要去泰国参加第一届世界萤火虫大会，我就顺道搭了个免费专机。

据说我的洋亲戚们就住在泰国的安帕瓦水上市场(Amphawa Floating Market)周围。安帕瓦水上市场是一个热闹但并不嘈杂的地方，虽然不是很繁华，但生活安逸而且舒适得让你舍不得走。当地人的朴实和知足，从他们每一个人的微笑中自然流露出来。临河有不少家庭旅馆，可亲身体验当地水上人家的生活。白天坐在小旅馆的客厅里，来上一杯浓香醇厚的咖啡，看着满载着各种各样货物的小船悠悠而过，泛黄的河水被划开又重新复原，只留下破碎的泡沫。你可以什么也不用去想，只是静静地享受这份安静。

河上小贩

密集的小船马达声提醒着人们用晚餐的时间到了，装着各种小吃的小船会合在了一起。这里的小吃多得惊人，比如烧烤的海鲜，油炸的鱿鱼卵……足以让你的胃感到满足和惬意。餐后可以逛一下售卖各种特色纪念品的小店，累了还可以体验一下正宗的泰式足浴按摩，价格非常便宜，每人120泰铢/小时。我可不想吃东西，喝了点果汁，真甜，Refresh（恢复精神）了。

安帕瓦水上市场最有特色的地方还在于这里是泰国的"萤火虫之乡"。这里的洋亲戚们身着黄色的外衣，其貌不扬，个头比我小多了，却以同步发光而闻名世界，是最美丽的萤火虫之一。

泰国安帕瓦的水上生活

当上天抖开了暗蓝色的夜幕衬里，城市里的灯红酒绿迫不及待地撒出暧昧时，我们却离开喧嚣，坐着长尾船慢慢进入湄公河，河的两岸是茂密的森林，久违的森林及河流特有的泥土清香扑面而来。途中数次需要低头穿过横卧在河流上的倒塌的树干及袖珍的小桥洞，眼睛逐渐适应了黑暗环境，突然间进入一片开阔的河流，两岸长满了红树林。满树的萤火虫好似千百人听从了指

萤火虫"圣诞树"

挥，以一个节奏闪光。"哇!"我们也同步发出惊叹。小小萤火虫的闪光虽然不是很亮，却如此打动船上所有人的内心。船夫故意将船驶近一棵最大的红树林，然后用手猛地抖动树枝。"Stop!"我喊道，可船夫听不懂我说的话。满

泰国安帕瓦的萤火虫集会，成千上万的雄萤火虫聚集在红树林中，以同一个节奏闪光，宛如圣诞树的小彩灯。那是萤火虫"剩男们"在深情地呼唤"剩女们"加入相亲派对

五指山一种未知的萤火虫雄虫

树的萤火虫停止了闪光，好似无数夜光珠瞬间从树上滚落下来，弥漫开去。它们就像仙女般优雅地飘出，然后又轻盈地飞回到树枝上，重新开始发出有节奏的闪光。又是一片大大的惊叹声，所有人的表情都凝固了，

015

016

被这自然奇观所折服。

船继续往前缓慢前行，一棵棵闪光的"圣诞树"从我们身旁划过，真希望此刻时间停止。不久，圣诞树都退到我们的身后。这时船上才爆出游客们的热烈议论，有的说："真值了，把这辈子的萤火虫都看饱了。"有的则疑惑地问为什么会同步闪光。关于这个问题，我最了解。我想大概是萤火虫也像城市里的剩男剩女，剩男剩女多了之后呢，自然会影响社会和谐，这时就会有人组织专门的剩男剩女相亲会。剩女们可以在众多的剩男中从容地挑选自己中意的情郎吧，而剩男们可不会甘心只被剩女们挑选，众多的剩男集合在一起，会吸引更漂亮的女孩子前来的。这其实是一种独特的求偶行为吧，萤火虫和人有太多相似的东西。

船渐渐驶离这片神奇的荧火乐土，我满心惆怅，有种心被突然掏空的感觉。尝了尝船边的河水，咸的，不知我何时能再来。

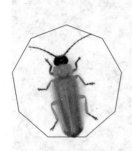

萤火虫"相亲派对"中的男主角——
屈翅萤（*Pteroptyx malaccae*）

Tips

旅游小贴士

安帕瓦水上市场距曼谷 40~50 千米的行程，开车一小时就能抵达，一般较大的酒店会有专门的旅游线路。安帕瓦水上市场是曼谷人周末游的热门去处之一，因为这里只有周末和节假日才热闹，所以如果不是周末去的话只能乘船观赏两岸风景及萤火虫，无法体验到集市的热闹。7-8 月是观赏安帕瓦萤火虫最好的季节，此时的萤火虫最多，也最为壮观。

去海南寻找那丝丝荧火

一、搜寻海南越冬的兄弟

12月，寒冬迫不及待地赶走了喜欢追逐落叶的秋天，人们外出旅游的热情也减退了不少。我的同伴都冬眠了，我也站在新华的肩膀上不安地跺来跺去。寂寞拥抱了我，让我挣脱不开。新华说，根据他的判断，海南这个地方可能还有萤火虫。然而，我们并没有选择拥有温暖的太阳和湿润的海风以及热辣比基尼的三亚，而是去了海南中部最贫穷的白沙县，去到鹦哥岭自然保护区寻找萤火虫的踪迹。谁说冬天没有萤火虫？我们倒不信，偏要去寻找一番。

临行前的装备检查

海南白沙县黎族小屋

逃避了武汉的雨雪,向往着海南的阳春。到海口美兰机场后,可以乘坐机场大巴到海口西站,然后转乘巴士到白沙县,时间大概三个半小时,车费每人60元左右。由于我们随行人数较多,且携带的摄影器材较重,就索性花了350块从机场包了一辆黑车,结果却被卖给了一辆捷达出租车。好心的出租车司机阿南哥告诉我们,我们被多宰了150块,真是郁闷。这让我们充分体会到了信息不对等的恶果。折腾了三个小时,终于到了白沙县。县城很小,很破旧,被密密的橡胶林所包围,但是绿色令我们有一片好心情。我们住进了设施最好的雅登酒店,房间里有互联网。价格168元的双人套间,看上去蛮不错。

当晚我们就包了一辆车,去保护区山脚下的一个小村庄边寻找萤火虫。黑暗无孔不入,包围着我们。我们找了保护区的护林员黎族符家兄弟给我们开路,他们走在前面,我们跟在后面,手电及头灯统统熄灭。"黑暗给了我一双眼睛,我却在黑暗中寻找光明。"我看到新华的瞳孔已经放大到最大了,其程度仅次于一闭眼就再也不睁开的时候。符家兄弟提醒我们这一带有剧毒的竹叶青及叫作"过山风"的烙铁头。新华生性怕蛇,浑身汗毛都竖起,每个毛孔都张开,探测着任何方位可能的异响。我却不以为然,毒蛇是我们的保护神呢。不过这保护神有点六亲不认,好几次差点让新华倒在山坡上。

海南鹦哥岭保护区中一种橙黄色的雄性未知窗萤

拟纹萤（*luciola curtithorax*）雄萤

　　突然,远方一条持续的光带划破黑暗,新华兴奋地叫起来:"前面,萤火虫。"他背着摄影包,手里握着捕虫网,撒腿追向这微弱的光明。网已张开,手一挥,那缕荧火已经近在咫尺。已经等不及将闪闪发光的精灵凑近眼前,在头灯的照射下,我们看到一只巨大的、从未见过的遍体金黄色的窗萤在手中慢慢地爬行,淡黄色的前胸和翅膀,略微有点半透明,发出冷艳的黄光。"Hi, man! How're you doing?"我向这个大个子打了个招呼,它却不理我。新华赶紧将大个子收入囊中,好回去鉴定种名。"Hi,新华,我叫什么名字?""你叫小新,学名胸窗萤。"新华头也不抬地回答。接下来,我们搜索了很久,但萤火虫很少,看看时间已经很晚了,索性打道回府。回去的途中,一条剧毒的竹叶青缓缓爬上水泥路面,眼看车轮就要压过去了,只见新华眼睛一闭,"啪"的一声,蛇被碾爆,能感觉到新华瞬间浑身非常不舒服地刺痒。

　　第二天上午11点,号称白沙县的第一招牌白切鸡,已在白沙中学对面的"茗园"饭店高高挂起。现煮现切,白嫩丝滑,可媲美上等巧克力。45元半只,价格实惠,让人直流口水。老板娘为人直爽,善于抹零头,吾等消费

106元,结账100元。

　　傍晚,符家兄弟热情邀请我们去他家吃饭,于是我们就一同前往符家兄弟所在的黎族小村。那儿瓦房低矮,简陋不堪,青苔覆盖着屋顶的瓦。整个小村热热闹闹,炊烟袅袅,一派生机勃勃的景象。一位黎族大叔坐在门前,惬意地抽着自制的水烟。不时从鼻孔中喷出烟雾,绕上暗蓝色的天空。符家大哥忙活了一桌子的菜,饭间还拿出一种叫做"鱼茶"的黎族美食来招待我们。据说这种"鱼茶"是将生鱼切成条,放在盛有熟米饭的玻璃瓶中发酵而成,不是贵客都不拿出来的。

　　夜晚时分,新华又发现了未知短角窗萤幼虫1只,只能先带回去尝试饲养出成虫,否则无法知道是什么种类。但是幼虫死亡率很高,不知道能否养活它。但除此之外,也别无其他好的办法了。然而,饲养它却需要相当长的时间,或许得半年,在这期间稍微有点差错,就会功亏一篑。要知道,萤火虫生长周期长正是萤火虫研究困难之一。此次没有发现太多的萤火虫同伴,略有遗憾,但符家大哥告诉我们,明年5月份,这里将会有漫天遍野的萤火虫,一定不会再让我们失望的。

拟纹萤雄萤的空中走秀,就像永不结束的省略号

二、回到萤火虫最初出现的地方

经过一个枯燥无味的冬季，迎春花开了。新华耐不住寂寞的心，也开始蠢蠢欲动，说要去寻萤。好嘞，我也想再去会一会那些海岛上的兄弟姐妹们。在中国，萤火虫出现最早的地方就是在海南，于是3月初我们就订了机票，计划4月15日前去寻萤。时间表已经打印出来并钉在软板上，新华每天都要看一遍，算着时间。临出发的前一周，新华让学生朱腾飞把路线规划好，再去租辆雪铁龙爱丽舍1.6AT的小汽车。万事俱备，坐等出发。唯一遗憾的是，由于H7N9禽流感爆发，美味的海南文昌白切鸡是不能吃了。不过没关系，反正我也不爱吃，我最爱吃的是蜗牛。听新华说，法国人爱吃盐焗蜗牛，我就知道爱浪漫的人喜欢吃蜗牛。

期盼的那天终于到了，这天我们起了个大早，一早来到实验室，重新整理了装备和安排了学校实验室的各项工作，叮嘱了又叮嘱。中午下飞机后，我们去神州租车海口美兰机场店取了车，第一站去霸王岭。在车上，新华戴着墨镜，蹩脚但开心的口哨声不时从车中传出。我们沿海南环岛高速，进入省道又进入县道，然后进入土路，最后终于到达了霸王岭山脚下的一个小镇。

我们住在一个家庭旅馆中，简单吃了点饭菜，然后就迅速换装，带上装备，开始上山。霸王岭有点让我们失望，空气比较干燥，但还是在路边的水

多光点萤雌萤正在求偶

去海南寻找那丝丝荧火

沟边发现了一些萤火虫。新华兴奋不已，拿出网子轻轻采集了一只。我在新华头灯的照亮下，凑上去一看，这兄弟是如此的细小，还不到5毫米，像一粒大米似的，只不过是黑色的而已。和它相比，我简直就是巨人。新华轻轻地翻过它，看它的发光器，哦，是雄的，两节发光器，第一节是带状，第二节是半圆形。他快速地在脑中检索这种萤火虫，出来了，是拟纹萤。拟纹萤分布在台湾、香港和海南，因为在台湾，这种萤火虫和纹萤很相似，所以给它取名为拟纹萤。新华让大家关掉灯，然后穿着笨重的防蛇靴深入这条小水沟，静静地观察它们发光的特点。我挺佩服新华这家伙的，虽然人比较笨，但是很执着，而且不怕吃苦。

接着，我们上车并准备下山沿路寻找。沿路停停找找，令人失望的是，没有发现一只萤火虫。大约晚上10点左右，我们返回到镇子里，把车停好后，大家都看着新华，气氛凝重。新华思考了一会儿，建议大家在镇子周围的水田找找，说不定能找到水栖萤火虫。新华问当地骑着摩托车到处溜达的青年哪里有稻田，染着黄发的小伙子疑惑地问要干什么？我们解释说要去研究萤火虫，小伙子爽朗地告诉我们往前面800米处左拐有很多稻田，里面就有萤火虫，但不多，最多是在7月。我们一下子兴奋起来，汽车引擎高速运转着驶向那片闪光之地。刚到稻田边，我们就发现了四周闪闪的光点。朋克装扮的小伙子果然没有欺骗我们。虽然数量不

黄宽缘萤

是很多，但我们还是很兴奋，采集了几只，发现是个不知道名字的萤火虫兄弟。但样本太少，新华说明天晚上还得再来这个地方。

第二天下午，我们早早地吃过晚饭，在稻田边等候那一缕一缕的光芒。新华拍了几张稻田的照片，稻子的香味包围着我们。接近傍晚的时候，无数婚飞的蚂蚁突然出现，蜂拥着在我们身上降落、爬行。平均每人身上有上百只长着翅膀的黑蚂蚁。我们边扑打着，边撤退到车里，把门窗关得紧紧的，然后互相拍打着蚂蚁。车里蚂蚁死尸一片，还有一些蚂蚁钻进了衣服，撕咬着大家。大家嘴里喊叫着并猛拍被咬的部位，真是狼狈不堪。很奇怪，居然没有蚂蚁来追我。新华说，因为我身体里的血液很难闻，黏糊糊的，而且有点毒，小昆虫都不敢来碰我。我认为主要是气质高，那些小昆虫和小动物一看到我就自惭形秽，滚到一边去了。

过了一会儿，我们钻出了"避难所"，要工作了，这时蚂蚁们也不见了。新华让大家分散开来，留意稻田中第一只萤火虫闪光的时间、第一只雄萤飞行的时间，同时测量日落的时间，当地的经纬度、温湿度等参数。每一种萤火虫对光线的敏感度都不一样，日落后多长时间开始活动成为每一种萤火虫独有的特征。新华拿出自己制作的萤火虫闪光脉冲拍摄装备，这是一台摄像机连接了一个红外图像增强仪，可以让50米内的萤火虫闪光脉冲信号经过倍增后，被摄像机所记录。他嘴里念念有词道："疑似条背萤雄虫，number one… number two… number three，非常完整的连续闪光脉冲，… number four…"一个小时后，这家伙耐心地拍摄了20多组闪光脉冲信号，疑似条背萤的闪光信号记录差不多了，他收起了摄像机，小心翼翼地放回重重的摄影背包里。哼，值得花这么多时间拍别人吗？我发光更美、更亮，唯一的缺点就是不灭，一直亮。

第二天早晨，我们睡到了8点半，吃过早饭后，开车上路，直奔第二个采集点——尖峰岭。我们直奔尖峰岭天池脚下的"避暑山庄"，在搬行李的时候，我们发现笼子里关着一只小猴子。小猴子不停地在狭小的空间内转来转去，眼睛里充满了绝望和哀求，它想重新回到森林里。它应该是在还没有

023

鱼茶

在白沙，鱼茶也叫鱼酸。有人形容它的酸味极怪，初尝者，难入口。然而也有人生动地形容吃鱼茶是有"一次怯之，二次适之，三次瘾之"的过程体验的。白沙鱼茶，尤如长沙臭豆腐、四川怪味豆，闻时臭，吃时香，又臭又香。要想尝一尝，当地农贸市场就可以买到。

尖峰岭

位于海南省乐东县境内的尖峰岭是一个巨大的天然物种基因库，已经发现维管束植物2000多种，树种300多种，鸟兽类148种，昆虫类近千种。1992年，中华人民共和国林业部批准建立尖峰岭国家森林公园，是中国现存面积最大、保存最好的热带原始森林之一，在2005年它被评为"中国十大最美森林公园"之一。

独立生活的时候，就被人捉来的。我想起了新华曾经跟我说过，人类为了欣赏我们发光，竟然到山里去抓些萤火虫送到城市里来。可恶的人类！

晚上我们一出门，新华就一边高喊着"这里有"，一边抄起了网子。我快速飞到空中，替新华当无人机。我发现许多光点，在空中飞行得很慢，光点很小，但是闪得非常的快，而且持续很长的时间。另外还有一些更大更亮的光点，闪得也很快。在新华采集萤火虫的时候，我除了仰望星空，就是去看他捉的萤火虫。果然，网中还有一种大型的熠萤，不过没我大。浅褐色的鞘翅，鞘翅末端有大型的白色斑纹。新华他们去年在五指山也采集到了这种萤火虫，称为白尾熠萤。

我们一直工作到晚上11点半左右才返回。新华像怨妇一样，念叨着研究萤火虫非常辛苦和困难，通常有成虫的时候，很难发现其幼虫，有幼虫的时候，成虫还未出现。许多萤火虫时空分布不一致，有的4月出现，有的5-8月出现，有的只在10-11月才出现。所以，一座山需要来很多次才能大致摸清萤火虫种类及数量的分布。信息不对等是研究萤火虫最大的困难。萤火虫漫天飞舞的时候，我们却无法得知是什么时间，在哪里；我们去寻找的时候，它们却躲藏起来，偶尔发现大片的萤火虫，那真是幸运的事情。新华说，有时候，他做梦都想拥有魔法，口里念念有词，"天灵灵，地灵灵，所有萤火虫都向我报到"。这个家伙，已经疯了。

西双版纳流淌的银河

　　"新华,你说中国什么地方是萤火虫的天堂?"我问道。"如果有的话,那一定是西双版纳植物园。""那还等什么?"我拍起了翅膀。

　　西双版纳的春天,热辣的阳光和泼水的清凉快速转换着激情。踏上葫芦岛——中国科学院西双版纳热带植物园(以下简称版纳植物园),瞬间被淹没在红、黄、绿的色彩海洋中。亢奋的大脑和嗅觉细胞不时提醒着我发出惊叹,好一片奇异的人间天堂。傍晚轻飘的小雨刷落了躁动的浮尘,混合着泥土和花香,滋润着身上的每一处。雨刚停,星已亮。夜空是如此通透,碎钻般的满天星辰离我那样的近,生活在大气污染的城市,已经好久没看到这样的星空了。

流萤绕树走

夜晚,版纳植物园嘹亮的虫鸣不停地宣告生命的永不停息。脚步一转,在路灯无法光顾的地方,一条"银河"跳跃着飘过我的眼前，加速了我的心跳。"熠耀霄行"的萤火虫宛如众星之神，大概舍不得这片土地，彼此约定定期下凡。据说版纳植物园里的萤火虫自泼水节后就逐渐多了起来，日落后的两个小时是它们的表演秀。成千上万个跳动的小精灵在呼唤，呐喊着爱情宣言，体内的荷尔蒙使雄萤们不知疲倦地寻觅着爱侣，那令人销魂的夜。

从吊桥口进入植物园后，右侧是女士们最爱的百花园，园中大片的各色花儿争芳斗艳，好似大块颜料泼洒而成。彩蝶们快乐地竞相追逐，亲亲这朵花儿，吻吻那朵花儿。走累了索性躺在花丛下的绿草地上，蓝天下的白云懒懒地从头顶飘过，我闭上眼睛沐浴在花香中，这是最好的花儿SPA。经过百花园左侧的林荫大道，可以去往树木园、棕榈园及南药园等专类园区。闻饱了香香的药材，看足了奇形怪状的树干及狰狞的绞杀藤，惊叹于一棵棵排列整齐的棕榈树酷似竖立待发的导弹。如果走累了，可以到用棕榈叶搭好的小亭中小憩片刻，亭边哗哗的溪水把脚上的热意带走，风儿却把远处懒懒的蝉鸣带来，好一派美丽的热带风情！

在版纳植物园中最先繁盛起来的萤火虫是边褐端黑萤

版纳植物园中，黄宽缘萤是绝对的主角。每当4月底至6月初时，它们总是不知疲倦地提着"灯笼"跑来跑去

　　如果你时间充足，可以去版纳植物园周边叫作"城子"的傣族寨子去体验一下傣族风情。如果赶上周末，还可以围观傣家人的斗鸡，手痒的话还可以跟着小赌一把，相信你的心脏也会随着好斗的公鸡上飞下跳。城子寨子中还保留着传统的傣家竹楼，分上下两层结构，下层圈养家畜和堆放杂物，上层是住人的，具有通风、防潮、防蛇虫野兽的优点，至今仍然受生活在潮湿、高温的热带丛林中的傣家人所喜爱。据随行的本地朋友说，这几年傣族人都很富有，几乎每家每户都拥有橡胶园，从几万到几十万的年收入使得他们生活得非常滋润，但依然住在简陋的竹楼里。平时的饮食相当简单，而在傣历新年的泼水节上则举行盛大的宴会。

　　傣族的每个寨子中几乎都保留着一座庙，一口井。傣族人信仰南传上座部佛教，对佛教非常虔诚，性情也比较温和。据说在西双版纳，傣族男子都要出家为僧，这样才算有教化。只有当过和尚的男子，才能得到姑娘的青睐。一般来说，家境好的小男孩七八岁入佛寺，三五年后还俗。在城子寨子

028

漫天的荧火映亮了百花园中的花墙

中，经常可以看到身披红色袈裟的小和尚走来走去。我们朝他们双手合十施礼，他们也低头双手合十还礼。

新华每次来西双版纳，必要品尝傣族风味的美食。首屈一指的当算版纳烤鱼，分香茅草烤鱼和柠檬烤鱼，那滋味怎一个"美"字了

幽暗的树木园中，萤火虫在跳舞。假如树根旁边突然裂开一个大洞，跳出一只兔子，你是否愿意跟随兔子先生进行一次"爱丽丝"式的历险呢？

得！小指粗细的蒸苦笋，剥开笋衣，蘸点酸辣的蘸水，酸甜苦辣会立即充斥着每一个味蕾和大脑细胞。鲜美的包烧金针菇，各种叫不上名字的野菜，富含维C的杂菜汤，必吃的大菜——柠檬鸡……酒足饭饱后，可以再来到葫芦岛上的百花园和南药园散步，吹着微风，闻着花香，看着跳动的萤火虫，真舍不得走。一位漂亮的版纳姑娘对我和新华说："你们还会回来的，因为这里有吸引你们的地方。"的确，这迷人的笑容，秀丽的景色和漫天的荧火，我怎能不来？我真的醉了，不舍得走了，但是新华还要去寻找我更多的同伴，我也只能恋恋不舍地告别此处。"嘿，等等我。"

Tips

旅游小贴士

中国科学院西双版纳热带植物园景区面积 11.5 平方千米，收集活体植物 12000 多种，建立植物专类区 38 个，保存了一片面积约 250 公顷的原始热带雨林，是我国面积最大、收集物种最丰富、植物专类园区最多的植物园，其户外保存植物种数和向公众展示的植物类群数，在国际植物园界首屈一指。喜欢花花草草及大自然的你肯定不会错过。

西双版纳植物园离昆明市较远，有从昆明长途汽车站（南站）到勐仑或到景洪市再转到勐仑的大巴，但长达 10 小时的车程让人有些痛苦。不过好在有从昆明到西双版纳首府——景洪市的飞机，如果提前订票，价格是比较优惠的。从景洪嘎洒机场下机后，乘出租车（约 20 元）到景洪车站（翻胎厂），再乘至勐仑的班车（约 1 小时，全价 18 元）就可以到达植物园。

西双版纳热带植物园内有"植物园宾馆"（三星级），拥有各种客房（套房、标准客房、单人间）65 间，设施齐全、环境幽雅，可进行网上预订，价格更优惠。如入住其内，只需购买一次门票便可自由进出植物园。版纳植物园吊桥入园口有一家非常实惠的小旅馆叫"春林宾馆"，住宿条件也还不错，50~80 元一晚。

更多的详情，可浏览版纳植物园官方网站：
http://www.xtbg.cas.cn/

Tips

赏萤小贴士

1. 观赏时间：4-5 月，最多的萤火虫就是边褐端黑萤，雄萤通常在空中和树上发光。而最佳的赏萤季就是在 5 月，大片的黄宽缘萤在园中飘荡。雨过天晴的夜晚会更多，天黑到晚上 10 点前（如果有阵雨会突然减少）比较活跃，随着时间延后，温度降低，数量逐渐减少。

2. 观赏地点：百花园藕香榭、南药园及与百花园交界处、环岛路、望江楼等，灯光较弱或没有灯光的区域。若不熟悉方位，可联系科普旅游部询问具体地址（0691-8716308）或咨询宾馆前台。

3. 注意事项：手电筒、车灯等人为光源以及人的频繁活动等都会造成干扰，尽量减少光源的使用，并保持安静。请勿捕捉萤火虫。

4. 赏萤的时候，请穿上长筒靴并最好配备一根竹竿，打草惊蛇。另请随身携带驱蚊药水。

荧火文化

受"日本萤火虫研究第一人"大场信义先生的邀请，这年春天，新华从日本东京到横须贺市去参观萤火虫博物馆，当然我也跟来了。老先生将他30多年的时间和激情都献给了他为之狂热的萤火虫研究和保护工作。在他退休后，当地政府在公园内的一个小塔楼的顶楼建了一个小型的萤火虫博物馆让他继续发挥余热，他白天就在博物馆内给游客们讲解萤火虫的故事。从塔楼的二楼向四周望去，一片海天蓝得超出想象。

在大场信义先生不足30平方米的萤火虫博物馆中，收藏着各种与萤火虫相关的东西：萤火虫标本、明信片、玩具、商品……

蒂卡尔及道斯皮拉斯

蒂卡尔（Tikal）是玛雅文明中最大的遗弃都市之一，其历史可以追溯到公元前700年。在这里，人口最多时可能达到了10~20万，它是玛雅文明的文化和人口中心之一。道斯皮拉斯位于蒂卡尔西南方，其地理位置关键而特殊，是玛雅帝国对外开展贸易活动的黄金通道，更是历来兵家的必争之地。

墙上挂着世界各地有关萤火虫文化及传说的画和照片，每一幅都散发出一种无可抗拒的魔力，将我吸入到时空的旅行中。

我首先来到了玛雅文明的发源地，欣赏那瑰丽却又突然被遗弃的神秘文化。动物在玛雅人的神话及宗教文化中无所不在，鸟、兽、爬虫、两栖动物非常常见，而几种昆虫也时常有出现，我们萤火虫就是其中的一个主角。出人意料的是，萤火虫居然和雪茄烟被风马牛不相及地联系在了一起——在玛雅文化中，萤火虫并不是我们现在的模样，而是很抽象，甚至像是外星人。那萤火虫长着突出的鸟嘴，额头上有着"AK'AB"状的字样，抽象的眼睛贴在脸上，长长的翅膀上也有"AK'AB"的标记，肚子上长着一个奇怪的球形结构，手里拿着或嘴巴里叼着一根燃烧的雪茄烟。新华告诉我，它们肚子上奇怪的球形结构代表着萤火

玛雅文化中被崇拜的"星神"萤火虫

虫的发光器,而雪茄烟则代表着发光。据玛雅人的传说记载,萤火虫身上携带着神圣的星之光芒,而忽明忽暗燃烧的雪茄烟则被认为可以代表从天空中划过的彗星。萤火虫在玛雅语言中被写为"Kuhkay",这也正是星星的含义。在玛雅的蒂卡尔及道斯皮拉斯城邦中,萤火虫被奉为星神及彗星之神而被崇拜着。一座座刺破茂密森林的神庙金字塔,精准的天文历法,忽然之间随着成百未修建完的城邦被遗弃,繁华的都市几乎在同一时期荒芜。也许是无休止的互相征战和杀戮耗费了玛雅人的元气,也许是干旱使得自然资源枯竭,也许玛雅人突然认识到了自己的罪恶会遭到天谴而必须遗弃这些沾满了罪恶和污秽的建筑,他们匆忙消失在无边的密林中。

大场信义先生见新华和我看得入迷,便过来给我们讲起日本的萤火虫文化来。这时,一幅日本萤火虫画深深地吸引了我。老先生说这幅画的大致意思是死去的人划船前往天堂,他们的灵魂幻化成了萤火虫继续在世上飘荡,给黑暗的路人以光明和战胜黑暗的一丝鼓舞。萤火虫在日文中叫"ホタル",意思是从天降落的星星。古时候的日本,女人在夏天会身着色彩艳丽的和服,手持花扇,去参加庙会、烟花盛会、盂兰盆节,逛夜市,或参与捕捉萤火虫等活动。捕捉萤火虫成为日本女人夏季的一项娱乐活动。

轻罗小扇扑流萤

在日本文化中,灵魂被描述成为一颗漂浮、摇曳的火球,萤火虫的活动形态与之相似,象征人的灵魂。老先生向新华说道,日本人非常喜欢萤火虫和樱花,大概是因为最美丽的东西也最短暂,也可能是源于日本人的岛国心理,明天可能就会因为地震或海啸等天灾而魂去,自当更加珍惜短暂而美丽的人生。当我的搭档向大场信义先生半开玩笑地说日本人引以为豪的萤火虫文化可能大部分源自中国的文化时,这位老先生的脸微微涨红,扶了扶大眼镜,说道:"是这样子吗?"新华说到中国的"化腐为萤",他瞪大了眼睛,惊讶道:"啊,日本也有这个说法啊。"的确,有人说中国最传统的文化在日本,从日本这面镜子里可以看到我们过去。经历了太多的动乱,中国的传统文化在人们的不屑中慢慢逝去,而日本却保留了中国的传统文化,甚至是萤火虫传说。

中国五千年悠久历史延续到今天,萤火虫这个大家曾经熟悉的小虫子,正在逐渐被人们所遗忘。古人很早就认识了萤火虫,"萤,夜飞,腹下有火,故字从荧省,荧,小火也"(《埤雅·萤》)。萤火虫在中国文化中的形象是负面的,是凄冷和荒凉的象征。正如"化腐为萤"所说,古人认为,萤火虫乃腐草生成。只有在荒凉的、杂草丛生的甚至坟墓等地方才会有腐草,才会有萤火虫,故而萤火虫给人的感觉是冷清、荒凉、沉闷、孤寂。

晚唐诗人杜牧的诗《秋夕》:

> 银烛秋光冷画屏,轻罗小扇扑流萤。
>
> 天阶夜色凉如水,坐看牵牛织女星。

其大意是失意的宫女深居宫中,终日寂寞怅惘地孤独生活着,身心自由都被禁锢。虽貌美如花,但荣华渐逝,看不到自己的未来,只能夜晚与流萤为戏,空羡牛郎织女相聚,更倍感凄凉。新华说他能体会杜牧胸怀大略却无施展之地的苦闷,人生痛苦的是看不到希望,更痛苦的是看到了一点希望,却陷入无尽漫长的等待中。

萤火虫虽然有荒凉和孤寂之意,却也成就了寒窗苦读的人。先前我们说到的晋代的车胤可能是最早尝试利用荧火的古人,他因为家境贫寒无钱买灯油而去抓了数十只萤火虫放到绢布袋子里,把这些小伙伴发出的光亮当作灯光来读书(车胤囊萤)。最懂得欣赏萤火虫之美的是颇具小资情怀

斛

一种量具，一斛相当于
十斗，一斗等于十升，
一斛就相当于一百升。

的隋炀帝杨广，他在洛阳景华宫时，曾经派人搜求萤火虫好几斛。晚上出游，几十斗的萤火虫一起放飞，"夜出游山放之，光遍岩谷"，其壮观可想而知。

"萤烛之光，增辉日月。"萤火虫的光芒虽然很微弱，却能燃烧自己为他人增辉，也能划破黑暗。萤火虫振翅高飞，在夜空中发出点点光亮，这光芒和星光又有何区别呢？

我们萤火虫是如此可爱，引得古人竞相描写歌颂，然而最为传神的则是清初词人彭孙遹的《宴清都·萤火》：

四壁秋声静。疏帘外、数点飞来破暝。轻沾叶露，暗栖花蕊，乱翻银井。有时团扇惊回，又巧坐、人衣相映。空自抱、熠耀微光，愿增照金枢景。

几番去傍深林，来穿小幔，高低不定。随风欲堕，带雨犹明，流辉耿耿。隋家宫苑何在，腐草于今无片影。向山堂且伴幽人，琴书清冷。

此词咏萤火，被前人评价为"可谓神似也"。它以白描的手法，描绘清秋夜晚时分徘徊于花蕊、银井间的萤火虫的可爱神态，进而由萤火虫的熠耀微光来衬托幽人的寂寞孤独，并暗含对荒淫亡国的历史教训。然而社会发展到了今天，自由和民主盛行，人人得以平等，萤火虫也不会再成为王侯将相的玩物。萤火虫也不是家园残破和田园荒芜的象征，而是和平和纯洁的象征，我们不会伤害人类，只会以点点亮光照亮夜行路人的归途。

"Fu san, Fu san。"新华被先生轻声地唤醒，他叹了一口气，眷恋不舍地离开。再见，萤火虫。

大耒山

　　"新华，你上次提到的那个可以和西双版纳植物园媲美的萤火虫天堂叫什么来着？大来山吗？"我飞到新华头上，问道。"是大耒（lěi）山，在湖北省咸宁市的通山县，离武汉只有两个小时的车程。"新华回答道。"我要去，我要去。"我在新华头顶上蹦来蹦去。"好啊，正好我过两天要去考察研究那里的萤火虫。"新华眼睛凑在显微镜上，头也没抬地回答我。

里山萤海

周末,新华开着车带着我和装备朝大耒山出发。一出武汉市,我的心情就好多了,一直待在武汉,雾霾憋得我都快喘不过气来了。我激动地趴在右边的车窗上,看着窗外,嘴里念着:"一棵树,两棵树,三棵树……"不一会儿就进入了通山县。这个地方到处是山和树,还有翠绿翠绿的

大耒山生态保育园

荧火烟花

竹子,我喜欢。"哇,好大一片海。"我指着前方叫着。"拜托,那只是一个水库。""好吧,人家又没怎么见过海。翅膀太小,自己飞不到海边嘛。"我囧。"马上就到了。"新华嗓门明显提高了。这家伙比我还高兴,每次一看到我那些兄弟姐妹们,他的魂儿都掉了。

新华开着车,经过一个闸道,闸道的旁边写着"大耒山生态保育园"。我们进了山,那是一条很窄的路,弯弯曲

藏在小蘑菇下躲雨的拟纹萤

曲地通到了山里。从山上的水泥小道往山下看，竟然有个小村子坐落在山谷的底部，看上去美丽极了。我不禁鼓起了我的六只手。"新华，你是怎么找到这个地方的？这个地方一般人真发现不了。"我疑惑地问。"说起来，话有点长。"新华慢悠悠地说。"别卖关子了，快说。"我就喜欢听新华讲故事。"从2008年开始，就有人从山里抓萤火虫，然后在网上卖给城里人作为求爱或者送给小女生的礼物。这种事愈演愈烈，有的景区和楼盘甚至开始大量购买从山里抓的萤火虫，一买就是几万只。"新华越说越气愤。"我去，我的兄弟姐妹们啊。"我一口白汁喷了出来。"小新，你不要吐痰。""我这是吐血，你不是知道我的血是白色的吗？"我用一只手按着胸口。"消消气哈，我接着说。"新华安慰我。"我仔细分析了一下，发现公众迫切地希望看到萤火虫的壮美，希望萤火虫回到身边，而没有人能提供类似的产品和服务。有些不良分子和商家就开始去迎合这种巨大的需求，但这种以牺牲野外的萤火虫为代价的行为，是不能持续的。我们守望萤火虫研究中心在2014年开展了一个行动，叫做'里山寻萤记'，带领武汉的公众去武汉周边看看大自然

大耒山山谷中美丽的小村庄,里面有好多房子都有上百年历史了

中的萤火虫。我们在咸宁发现了这个地方，这儿有很多萤火虫，政府也邀请我们来保护这里的萤火虫。"新华说道。

新华这个家伙，平时看起来笨笨的，但是在萤火虫的事情上，没人能比他更明白。这个家伙还创立了中国第一个萤火虫的保护公益组织，来守望我的兄弟姐妹们，还把唯一的新房子捐出来作为办公室，自己则继续租住在学校那又小又旧的房子里。我挺感动的，这就是我这么久以来会死心塌地跟着他的原因。

"我们来到这个小山村，发现这儿真的很美，萤火虫也多，但就是小溪里飘满了垃圾。"新华继续说，"我问过很多村民，这么漂亮的河流，就在你们的家门口，你们忍心弄得这么脏吗？村民说没有垃圾桶，没有垃圾转运车，不扔到河里扔哪里？扔到河里，水大的时候还可以冲走。我这才弄明白，于是接下来'守望萤火'开展了一个捐赠垃圾桶换赏萤名额的行动，鼓励公众来捐赠垃圾桶给小山村，让垃圾消失，而公众又可以看到漫天的荧火。我们花了一个多月的时间,清理了8千米的溪流里积累了10年的垃圾,垃圾车运了几十车垃圾出去了。你瞧,现在水多清澈,鸭子都愿意在里面游泳了。""好棒,好棒!"我六只脚又鼓了起来。

　　"对了,新华,听说你前不久还上了次《天天向上》的节目,谈一谈感想吧。"我拿起了一根草根凑近新华的嘴巴,假装是麦克风。新华有时候也很搞笑,会配合着我搞怪和耍酷。"其实没什么,因为是跟汪涵第二次配合做节目,所以很放松,说了很多的心里话。上节目主要目的就是向大家宣传保护萤火虫的理念。"新华假装接受我的采访。"下面我来介绍一下新华,姓付的副教授,中国研究萤火虫第一人……哈哈哈哈。"我笑得不行了。新华为了保护萤火虫,和"天天兄弟"一起做节目,呼吁大家保护环境。那段时间,全国成千上万的人想来大秉山看萤火虫,出于保护的目的,新华设立了闸道,进行预约制赏萤。来看萤火虫的人,车辆一律停放在外面,不让进村,怕车灯影响到我的同伴们。后来,政府也专门配了一台垃圾转运车专给大秉山转运垃圾。

星星旋转着望着萤火虫

为了保护这里的萤火虫，新华几乎把自己所有的积蓄都拿了出来，投入到了大耒山萤火虫的保护里面来。这人真是个傻子，他老婆还表示支持，他老婆也是个傻子。

到了晚上，新华去观察一种拟纹萤，这是以前在海南发现的一个种类。他说他发现了这种萤火虫雌、雄发光颜色不太一样，雄的发光偏黄，雌的发光偏绿。现在他正在用便携式光谱仪测量我那些兄弟姐妹的发光呢。我不管他了，打算自己去转转，会一会我的兄弟姐妹，顺便看看能否找个女朋友。

哎呀，我看到了好多兄弟姐妹，漫山遍野在发光，天上的星星也在闪呀闪，分不清楚到底是星星还是萤火虫。我是完全听不懂和看不懂我的这些兄弟姐妹们在说什么，因为不同种类萤火虫的语言完全不同，所以我自然就听不懂别的种类的萤火虫的话了。"新华，快来。"我去搬救兵。"这里的萤火虫啊，还真不少。我们做过一年的调查，那时每天晚上跑一遍大耒山，这可是22平方千米啊。结果发现大耒山有17种萤火虫，总量有40多万只。"新华介绍道。"哇，这么多。"我惊呆了。"是啊，这个地方是比较罕见，因为交通不方便，很多村民都迁出来了。剩余的村民一到晚上就熄灯睡觉了，

亮火虫大米

大耒山路边草丛中闪烁的幼虫和天空中飞舞的萤火虫遥相呼应

星星从天上落到了地下,就变成了萤火虫

大耒山

所以没有光污染。从地理位置来看，这儿处于湖北、湖南和江西三省交界处，生物多样性很丰富，所以萤火虫很多。每年3月－8月，每个月都有几万只萤火虫飞出，非常的壮美。正因为比较独特和稀有，所以我们要全力来保护这个地方。"新华坚定地说。"这里面的稻田里有很多的珍稀水栖萤火虫，有3个珍稀的种类。我们为了保护稻田里的水栖萤火虫，特意流转了很多的稻田，雇佣农民以保护萤火虫的方式来耕种水田，牛耕刀割，不用农药、化肥和除草剂。虽然产量低了一些，但是种出来的稻谷是无污染的、生态的谷物，这就叫作亮火虫大米。"新华兴致勃勃地介绍他们在大东山里的工作。这个家伙脑子还是很活络的，看来以前低估了他，一直以为他是个书呆子。这个家伙还有点浪漫的情怀，能仰望星空，又能脚踏实地，就像我一样。

新华在旁边念叨着说想在那个美丽的小村庄里办一个自然学校，可以让来看萤火虫的孩子们坐下来，听他讲一讲美丽的萤火虫和环境的关系，知道如何保护环境。他的终极梦想是让萤火虫回归人们的身边，甚至让城市里都飞舞着萤火虫。傻人又开始说傻话了。我不理他了，找了片舒服的叶子，躺在上面，看着天上的星星和萤火虫，这辈子都不想离开大东山了。

大东山萤飞

大耒山河边的萤火虫

生活在稻田中的珍稀水栖萤火虫

大耒山河边的萤火虫在欣赏着它们在河中的倒影

大耒山最佳的赏萤季节是从 3 月底至 8 月初,每个月都有一波高峰期,高峰期都有上万只萤火虫。守望萤火虫研究中心会定期发布赏萤预报,告诉大家来看萤火虫的最佳时间。

来大耒山交通略微有些不方便。从武汉来大耒山可以坐火车到咸宁北站,然后去长途汽车站,搭乘大巴车到通山县,最后搭乘中巴车到厦铺镇桥口村。镇上住的地方不多,有一个叫"厦铺大酒店"的小旅馆,可以容纳 20 多人住宿。如果自驾的话,直接设置导航目的地为咸宁市通山县厦铺镇桥口村。来前须咨询"守望萤火"工作人员。

● 守望萤火虫研究中心的新浪官方微博:守望萤火

● 微信公众号:shouwangyinghuo

黄龙湖——水萤之乡

听新华老兄提到，近来偶尔翻到周作人先生于1944年所写的《萤火》一文，文中将中外对我家族的描述论证了一番，最后哀叹做个国粹主义者实在是大不容易。中国自古重文史、轻科学，乃至今日德、赛两位先生还徘徊在门口。所以，周作人先生哀叹难做个国粹主义者丝毫不以为怪。文中提到的李时珍对我们的描述着实让我惊奇和兴奋："萤有三种。一种小而宵飞，

黄龙湖岛上的萤火虫

中国科普大奖图书典藏书系

德、赛两位先生

"德先生和赛先生"是对民主和科学的一个形象的称呼，它们是中国新文化运动期间的两面旗帜。两者都为音译，其中，"德先生"即"Democracy"，意为"民主"，指民主思想和民主政治；"赛先生"即"Science"，意为"科学"，指近代自然科学法则和科学精神。

腹下光明，乃茅根所化也；一种长如蛆蝎，尾后有光，无翼不飞，乃竹根所化也；一种水萤，居水中。唐李子卿《水萤赋》所谓彼何为而化草，此何为而居泉，是也。"我惊奇于古人早就发现了我的水栖萤火虫兄弟，却遗憾于古人没有仔细观察研究，继续以讹传讹。唉，真笨。

我的水萤兄弟们是在20世纪初才被人类朋友系统发现的，近年在我国的鱼米之乡湖北省陆续发现了数种独有的、珍稀的水萤。水萤大多生活在沟渠、河流和湖泊中。说到水萤，新华说不得不提到水萤之乡——黄龙湖。黄龙湖是一个原生态的天然内陆湖，地处湖北省汉川市马鞍乡腹地，位于汉江下游。这儿湖水清澈，湖汊众多，水生植物繁茂。就在数日前，我和新华又来到这里，坐着小木船，轻轻荡开水草和荷叶，寻找从天空降落到水中的星宿。

7月是水萤的旺季，成千上万的水萤从水中登陆，经过痛苦的蜕变后，飘散在荷花及芦苇上。夜间，我的水萤兄弟们发出的光如同从满月上扯下的火花，又似从空中跌落的碎钻。新华去轻敲那一串串的跳动音符，却被它们轻轻躲开；当新华开始懊恼时，它们又乖巧地来到他的身边，轻扯着他的衣衫，蹭蹭他的脸庞。兄弟们时而飞到荷花中，映亮粒粒花蕊，好似那救母心切的沉香手中的宝莲灯；有时又几只排成一条线，超低空"嗡"地掠水飞过，"哗"的一声，一尾鱼儿跃出水面，仿佛回应着刚才照向水面的荧火。当我和新华低头往下看时，偶尔能发现水里发出的点点小而精华的光亮，那是水萤幼虫兄弟们不甘于寂寞，也开始争艳斗芳的场景。耳边的虫鸣及划水声和着兄弟们闪光的节拍，荷花香渗透进了每个毛孔，以前那些恼人的蚊子也不来骚扰了。突然，我们一不留神，水面"扑隆扑隆"飞起了几只水鸟。

　　我和新华正惊奇于黄龙湖水萤如此之多，划船的熊大叔说，在黄龙湖周边生活的祖祖辈辈人，都是喝着湖水长大的，他们容不了任何的污染。几年前曾经有企业在此开厂，村民们发现湖水被污染了，就自发组织起来，赶跑了那家企业。当地政府也很重视环保，其中有一项环保措施就是：举报一家污染企业的村民可获得100万元奖励。我们惊叹着时下还有如此开明的地方政府和环保意识如此之强的乡亲。大叔划着船淡然地说，多少钱也买不了干净的水土啊。"看，岸上有萤火虫。"我顺着大叔指的方向看去，果真看到一大片萤火虫在林子里点着灯互相追逐着。熊大叔说前几年湖北的钰龙集团已将这片3.34平方千米的水域租下，撒下鱼苗，因为不用任何的饲料，每年只产20万千克鱼。虽然产量低，可是尾尾鱼都肥美鲜嫩。钰龙集团的老总喻惠平先生就是在黄龙湖的喻家村长大的，对这方养育他的水土感情

黄龙湖日落

黄龙湖——水萤之乡

很深。他不但在岛上捐建了小学,修桥铺路,还打算把整个黄龙湖打造成有中国特色的生态水乡,保护好这片纯净的水土。熊大叔对我们说,这位在地产界颇具传奇色彩的喻先生曾经告诉他:"守卫黄龙湖,就是守卫我们的水源,今后,作为生命之源的水会比油还贵⋯⋯"

游玩过黄龙湖后,必然要到位于武汉汉口的浦发银行大厦二十三层的钰龙大食堂去品尝黄龙湖的各种湖鲜,这里的所有原材料都来自黄龙湖,是天然的有机食品。电梯门打开瞬间,两行大字跳入眼帘:"谦虚做人,用心做事",接待的小姑娘告诉新华这是喻先生的座右铭。钰龙大食堂的特级厨师刘俊涛先生是喻先生特意从汉川聘请过来的,他按照汉川的饮食文化,改良并创造了一系列以黄龙湖湖鲜为主的特色美食。还是让咱们新华来介绍下美食吧,我可不感兴趣。

钰龙大食堂中有众多独特的蒸菜,其中印象最深的是招牌菜之一"泡蒸鳝鱼"。将出产的大条鳝鱼去骨、切段腌制后,用米粉裹一层,然后上笼蒸。拿捏住蒸的时间,刚一出笼就要趁热淋上油、高汤、醋,撒上葱姜蒜,鳝片泡在汤料中,充分吸收着各种滋味。筷子夹一块微红的鳝片送入口中,入口嫩滑,轻咬下去,满口香味和着微微的酸爽。值得一提的是,这醋是特地从黄龙湖运过来的马鞍乡米醋,味道不如山西陈醋那般酸,非常适合做这道"泡蒸鳝鱼"。钰龙大食堂的这道"泡蒸鳝鱼"源自汉川地区的"榔头蒸鳝鱼",来自黄龙湖的野生鳝鱼保证了品质和鲜美,精确的火候控制让鳝鱼片口感更佳,使得这道菜青出于蓝而胜于蓝。

除此之外,黄龙湖出名的自当是号称"湖水煮湖鱼"的各种鱼类佳肴,其中财鱼两吃更是让人回味无穷。白玉般的蒸财鱼卷被晶莹透亮的黄瓜薄片所围绕,光看看就觉得美得不行,轻轻夹起一块,感觉就是嫩、滑、香、鲜。干拨财鱼口味要重一些,但味道也更鲜美一些,萝卜白菜各有所爱,就看你的口味了。饿得慌的话,可以来几块充实的汉川三蒸,有鱼、肉和芋头,块块糯香,很能慰藉你饥饿的胃。如果觉得吃起来干了,来碗浓汤鱼丸吧。这鱼丸是从黄龙湖捞起的鲜活野生白花鲢鱼肉做成的,需要慢慢地刮下鱼肉,不能带入一根小鱼刺。咬一个鱼丸，喝一口浓白的鱼汤，鲜美之味直冲脑门，神仙也不过如此吧。

吃了这么多鱼，也该来点素菜了。采自黄龙湖的酸辣藕带非常清口脆爽，不带一丝老筋。粉蒸"汗菜"是道独特的菜，武汉是吃不到的，只有黄龙湖附近的人才会这个做法。翠绿的"汗菜"连着沾有红颜色的粉子，入口非常醇厚和清爽。来武汉前从来没见过"汗菜"的模样，很是奇怪为什么叫"汗菜"，而且一炒就变红，后来才知道其实"汗菜"就是苋菜。苋菜的"苋"，正确的读音是"xiàn"，武汉人都念"汗"。原来，苋菜过去都是夏季上市，是武汉人夏天最爱吃的蔬菜之一。武汉的夏天热得让人无处可躲，吃苋菜时汗流浃背，所以很多武汉人干脆管它叫"汗菜"。一些菜贩子图方便，写的时候也写成"汗菜"。有高人查阅了相关资料，发现在古书《玉篇》中，"苋"确实读"汗"。所以武汉人国粹了一把，"汗菜"的叫法流传至今。

吃到最后，可以来一碗阴米土鸡煲压压胃。在北方，从未听过阴米为何物，来武汉后才知道这阴米的做法颇为复杂。刘师傅介绍说，阴米的做法就是将糯米精选除去杂质后，清水浸泡7~12小时，将糯米中的水沥干后用60~85℃的温度蒸40~60分钟，蒸煮熟透后置于晾晒物内先冷却干缩，后揉搓成粒状放至通风朝阳处晾晒，干燥无水分后即成为阴米。阴米土鸡煲是一道非常养生的菜，土鸡的鲜美和阴米的黏稠糯滑混合在一起，具有滋润补肾、润肺健脾的保健功效。每次游完黄龙湖，想起钰龙大食堂的美味，总是让人食指大动。美景加美食，这可谓是二美合为一美，不思蜀也……

051

马来西亚的萤火虫

    如果有人问我世界上最美的萤火虫在哪里，国内的话，我推荐湖北省咸宁市通山县大耒山；而国外，我推荐去马来西亚的沙巴及雪兰莪看萤火虫。如果问我世界上最美丽的萤火虫种类是什么，中国最美丽的萤火虫，我首推穹宇萤，那是中国最美的同步发光萤火虫，雄萤都聚集停留在从山崖或者瀑布垂下的藤蔓上，一起快速发着光，吸引着雌萤前来。而国外最美的萤火虫，我推荐马来西亚同步发光的红树林萤火虫。虽然和泰国的红树林萤火虫相似，但是马来西亚的红树林萤火虫更多，更壮美。

    我一共去过马来西亚两次，每次都是为那美丽的萤火虫而去的。第一次是2010年夏天，我去马来西亚的吉隆坡参加第二届世界萤火虫年会。慈祥的澳大利亚老妈Lesley Ballantyne是世界上首屈一指的萤火虫分类研究泰斗，她在研讨会期间举办了萤火虫分类研究工作坊，培训世界上为数不多的萤火虫分类研究者。会议快结束的时候，我约上香港的萤火虫研究同行，雇了一辆车，去雪兰莪河上拍摄和观察奇妙的红树林同步发光萤火虫。

    车开了接近2小时，终于停下了，司机说这里就是了。我们满腹狐疑，这就是萤火虫最多的地方？长相黝黑的司机双手一摊，说这就是他知道的地方。我心里暗叫不妙，觉得可能拍不到壮观的同步发光萤火虫了。事已至此，只能硬着头皮自己去寻找。听说马来西亚的蚊子能传播登革热，且无药可救，下车后，赶忙往身上喷驱蚊水，尤其是手、额头、脖子、耳朵。鉴于在国内被蚊子透过裤子叮屁股的惨痛教训，我特意让朋友拿驱蚊水往我屁股上喷了喷。我背着摄影包和三脚架，前往河边的红树林。在一个小的水泥码头上，我架起了三脚架，镜头朝着旁边的红树林。

太阳慢慢落山了，红彤彤的晚霞真美。突然左边的红树林里有微弱的光点在闪烁，右边的也开始亮起来了。光点真的很弱，一开始有点节奏散乱，有的萤火虫甚至飞来飞去。不到5分钟，萤火虫们似乎彼此协调，开始同步发光了。越来越多的萤火虫加入了合唱的队伍，原来白天这里面就栖息着萤火虫，而不是我所想象的大量的萤火虫从旁边的草丛里飞到红树林中。我轻轻用手抓了一只，黄色的翅膀，真小，差不多0.5厘米长，和蚊子一样粗细。它在我手心里打转转，痒痒的，我朝它轻轻吹了口气，它闪着光起飞了，朝红树林里飞去，继续参加合唱比赛去了。我轻按下快门，希望这片美丽的光彩能尽数进入相机中，好让我带走。我的眼睛也睁得大大的，希望能一饱眼福。

三年后，我带着父母和妻儿一起来马来西亚旅游。父母也好久没见到萤火虫了，我想让他们看看美丽的萤火虫，也好理解我所做的萤火虫事业。妻子非常擅长规划路线和组织自由行，我们整个行程都是围绕着萤火虫展开的。第一站是到沙巴，我们晚上抵达了亚庇，好好休息了一晚。那一晚，我梦到了好多萤火虫。

在沙巴旅游，通常把观赏萤火

澳大利亚老妈Lesely Ballantyne在给学员们上萤火虫分类课程

054

登革热

俗称骨痛病，是由登革热病毒引起的由蚊子传播的热带病。

Kelip-kelip

萤火虫在马来西亚语中叫 Kelip-kelip，意思就是闪闪发光，这个叫法的确很形象。

虫和看长鼻猴联系在一起。沙巴最佳的观赏萤火虫的地方有三个：1. 威士顿（Weston），据说是最佳的长鼻猴及萤火虫观看地点，离亚庇市区 2 小时；2. 克利雅斯（Klias），特点是萤火虫比较多，缺点是看长鼻猴比较远，可以坐船观看萤火虫；3. Kawa-kawa 红树林，比较新的一条线路，距离亚庇市区相对较近，行程一般还会在水上清真寺停留一下。在这三个地方，萤火虫通常都栖息在红树林里，而且在里面还住着世界上独一无二的长鼻猴。这是一种奇妙的动物，有着长长的大鼻子，喜欢傍晚的时候到河边觅食。据向导说，猴群里面鼻子最大最长的就是雄性的首领，并建议我们带上望远镜观察长鼻猴。我们找了个当地的旅行社，安排了一个司机下午开车带我们到威士顿去看萤火虫和长鼻猴。司机开车比较猛，横冲直撞，所幸还是安全到达目的地。吃了点简餐后，我们就坐船去看长鼻猴。由于事先功课没做好，一家人都没带望远镜，眼巴巴地看着猴子跳跃着朝那些带着望远镜的人欢叫。

夜晚慢慢降临，船夫撑着船慢慢驶进一片茂密的红树林。为了不打扰萤火虫，船夫将船停在了河中央，并让大家安静。不一会儿，船夫嘴里喊着"Kelip-kelip"，用手指着远处的红树林。大家顺着船夫的手看去，果然有不少萤火虫在红树林里明灭，渐渐地燃烧成为一棵发光的圣诞树。船夫变魔法似的拿出了一个有点像国内的虎牌老式铁皮手电筒，我清楚地看到这个手电筒头部的玻璃上用染料涂成黄色。船夫一边嘴里喊着"Kelip-kelip"，一边有节奏地用手挡住、松开手电筒,发出缓慢的、有节奏的光。不一会儿,好几只萤火虫飞行了十几米来到船边,围绕着船夫盘旋。当船夫不再有节奏地制造闪光的时候,几只萤火虫失望地朝红树林飞回去。船夫再次用手电筒闪光的时候,又吸引了好多萤火虫来到船边。船上的游客瞪大双眼,大呼神奇和惊叹。我笑了笑,跟家人解释,这个船夫模拟了一个超级大的雌性萤火虫的信号。身边的中国游客恍然大悟,并惊奇于我的解释。

在沙巴,我转遍了市场也没买到一件萤火虫纪念品,问当地的华裔商贩,他们表示萤火虫很难拍摄,所以做不出工艺品。我表示不可理解。幸运的是,我淘到了几张马来西亚的萤火虫邮票,很是喜欢其中印有孩子用罐子放飞萤火虫画面的一张。

三天后,我们到了雪兰莪河,雪兰莪河也叫萤火虫河,白天看起来和沙巴的红树林湿地没什么区别,但这的确是马来西亚萤火虫的天堂。我们在网上预订了雪兰莪萤火虫度假村(Kuala Selangor Firefly Park Resort,一个私营的萤火虫景区),谁知的士司机以为我们去的是雪兰莪萤火虫保护区,就把我们放下自己开走了。一问才

Lesely Ballantyne
利思莉·芭拉蒂尼

马来西亚的萤火虫

红树林中同步发光的雄萤在吸引更多的雌萤加入求爱派对

知道两者相差挺远，好在保护区的工作人员心地善良，主动提出要送我们过去。我们大包小包地上了车，一路感谢不已。入住后，发现这个私营的萤火虫景区有点旧，房间里的木床轻轻一扶就吱吱响。景区里的猴子非常多，随处可见，而且不怕人，经常"噔噔噔"爬上屋顶。景区内没有晚饭，我们只能在旁边一个非常简陋的小餐馆吃了点东西。想想晚上能看到满树的萤火虫，心里就期盼着早点天黑。

雪兰莪萤火虫度假村

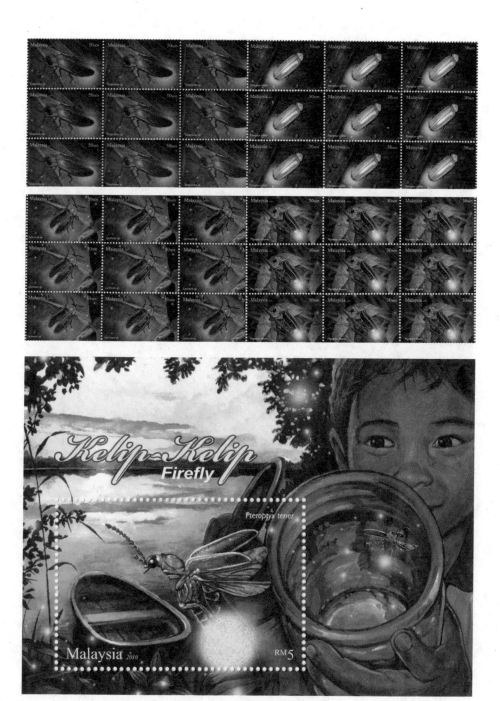

马来西亚萤火虫邮票

马来西亚的萤火虫

　　我们买了萤火虫票，按照规定的时间来到码头，穿上救生衣，坐上了小木船。小木船是电动马达驱动的，非常静音，看萤火虫的时候的确很惬意。这次船夫开船开到了离红树林很近的地方，伸手就能摸到萤火虫。成千上万的萤火虫聚集在红树林上，并倒影在河面。它们以一个频率发着光，有时候会让人产生一种虚幻的感觉，感觉这不是在世间，而是在参加某种神秘的仪式。大家都张大了嘴巴，只听到惊叹声不断。可惜是在船上，我无法用相机记录这美丽的景色，用文字也描写不出那种壮美和奇幻。我只能拼命地睁大双眼，减少眨眼的频率。短短的20分钟，是红树林萤火虫最盛的闪光求偶期。奇妙的是，我们中国也有一种红树林萤火虫，分布在香港米埔自然保护区、深圳的福田保护区、海南红树林湿地公园等。我国的这种红树林萤火虫被我和 Lesley Ballantyne 等人命名为香港曲翅萤（米埔萤），却不是同步发光的。我和学生们对全国的红树林进行了比较细致的调查研究，得出的结论是中国目前只存在一种红树林萤火虫——香港曲翅萤，而且这种萤火虫的数量在大幅地下降，处于濒危状态。

　　夜半，我和妻子睡不着，两人背靠背坐在靠近码头的树下，树上也有不少的萤火虫在同频明灭。有人说，和相爱的人生活久了，两人的很多生活习惯，甚至肠胃里的共生细菌都趋于相似。我想两人相爱一生，他们的心跳会慢慢趋于同频，就像这满树的萤火虫一样，虽然亮光小，但是温暖一生。

Tips

旅游小贴士

马来西亚看萤火虫的地方挺多，个人感觉沙巴和雪兰莪的萤火虫都挺壮观的，在沙巴可以体验更多的自然景观。大家看完萤火虫可以住在城市，吃住等条件都较好。马来西亚萤火虫一年四季都有，听当地的朋友说，夏季萤火虫还是要多一点。请切记，一定要带上驱蚊水，预防登革热。

水陆空三栖明星揭秘

　　下面这篇短文是我的兄弟黄缘萤的自传，可是我的其他兄弟们都说写得太潦草了，何况还只写了水生萤火虫的故事。生命苦短，伙计！我的黄缘萤兄弟只能写写它自己的故事，而且就这点隐私它还不知道你们会不会买账，因为它没能记录下那些发生在短暂生命里最惊心动魄的故事，它不想把这写成一本传奇，那样太做作了。所以还是老老实实地以平实的语调把一只普通萤火虫的生命故事记录了下来。如果你觉得看了这个故事还不过瘾，那你就等着看下集吧。我的人类朋友付新华说，他还会接着讲我们萤火虫家族的故事的。下面就请我的黄缘萤兄弟自己来做介绍吧。

　　我叫黄缘萤，是水栖萤火虫的一种。相比陆生兄弟来说，我们水萤可是萤火虫家族中的宝贝，据说目前世界上只有8种水栖萤火虫，数量稀少而且只眷恋亚洲的温暖水域和美食。黄缘萤只在中国才有。作为一只黄缘萤，在童年时代，即幼虫阶段，我整天都待在水底。这段长长的童年和少年时光，我只做三件事：休息、吃和提防被吃。我们喜欢水流缓慢的稻田及小溪，因为那里有我们最喜爱的食物——淡水小螺。我们躲藏在水草底下休息，当一条条小鱼从我们身边快速掠过，我们甚至连头也懒得抬。"唉！这些一天到晚游泳的鱼，只能困在水的温柔中，离开水就不行了。"我们经常这样嘲笑它们。

　　我们水萤家族的幼虫和那些从不做陆上旅行的鱼类朋友一样，具有与鱼鳃结构类似的可吸收水中溶解性氧的呼吸鳃，这种呼吸鳃并非长在头上，

"嘿,看什么看"

而是长在腹部两侧的8对附肢上。这些黑色的呼吸鳃看起来非常吓人，就好像毛毛虫身上令人恐惧的毒毛。这些可以让小姑娘尖叫的"黑乎乎的毒毛"却是我们水萤幼虫的"肺"，这些"肺"要伴随我们幼虫的整个童年和少年阶段，直到爬上陆地化蛹才会脱掉这件丑陋的衣服。这些"黑肺"甚至可以允许我们直接呼吸空气中的氧气。

让我给你们讲个故事吧，一个星期前，我经历了一件非常可怕的事。一天早晨，我正在水稻根部休息时，突然一个人类模样的生物在我眼前闪现。还没等我回过神来，我就发现自己已经腾云驾雾般地随着身下的泥土被抛到了田埂上，暴露在了热辣辣的阳光下。我知道在阳光的烘烤下，我的身体会迅速脱水死亡，所以必须尽快回到水中。在这紧要关头，我突然想起母亲教我的一招，不，我母亲从未亲自教过我，我只是通过本能知道必须打开呼吸鳃基部膨大的气门，直接从空气中呼吸氧气，否则我就会死去。就这样，我一边费力地用气门呼吸，一边花费了几乎整整一个上午的时间才慢慢地爬回了水中，有惊无险地度过了这一危机。但是，并非所有的水萤都有气门。通过在水中不短的社交活动后我发现，1龄大小的那些弟弟妹妹就没有气门；2~3岁后我们的呼吸鳃基部逐渐膨大，但也没有气门；直到4~6岁才会长出明显的气门。

最近我交了一个叫付新华的朋友，他是个男生，从一见面开始我们就成了好朋友。当然，你知道好朋友是什么意思。他把我从水中带到了他的实验室，有些关于我们的故事就是他告诉我的。他说有一次，他将20只刚刚吃饱的我的4龄伙伴，也许是我的兄弟，放在了铺有湿润滤纸的盒子里。在25℃的人工气候箱中，他发现我的那些兄弟居然可以平均生活14天，最顽强的那一只居然活了22天。他告诉我，我们幼虫在发育到中等程度后就具备了可以在陆地上短暂生活的能力，而这一能力得益于我们中期发育形成的陆栖萤火虫才具有的呼吸工具——气门。

我们幼虫白天躲在水草底部或者泥土里休息，夜晚就出来活动找吃的。我们不能游泳，只能爬行，所以多少有点羡慕小鱼儿们。为什么会这样呢？

我的朋友新华说，我们的小腿很短也很纤细，不能有效地抓地，一阵急流就会把我们冲得无影无踪，这就是我们为什么那么喜欢水流缓慢的稻田的原因。步履蹒跚的老人家总是离不开拐杖，我们也不例外，所以在我们的腹部末端有个辅助爬行器官。这个被称作尾脚（腹足）的器官由左右对称的6个伸缩自如的"脚趾"组成，如果你仔细看，比如通过扫描电镜，你可以看到我们每个脚趾都有两个圆筒形的结构，在这圆筒形的外部还长有一层一层的钩子。这6个脚趾全部伸展开来，就像一枚掉了一半花瓣的残败花朵，可神奇了。可惜我从未仔细观察过自己，因为我们总是对自己的形貌不在意。新华说，正是这个长相奇特的尾脚可以帮助我们幼虫在水底爬行甚至爬上高高的水草。

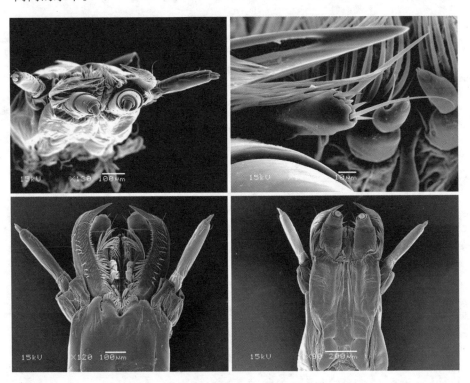

黄缘萤幼虫在扫描电镜下的头部结构。幼虫具有1对3节的触角，和1对弯曲锋利的中空的上颚，上颚具有可以注射和吸收食物的槽

我也从未在镜中看过自己爬行的模样。据新华说，我们的样子很滑稽，爬行时，三对好似裹过脚的腿努力地向前伸展，紧紧抓住地面，尾脚松开，腹部向前向内弯曲，尾脚落下重新抓紧地面，小腿再往前延伸，这一动作不断重复。我们快速爬行的时候很像戴着老花镜的老先生拿着戒尺拄着拐棍在快步追赶顽皮的学童，偶尔还打个趔趄。真有那么丑吗？我听说后自己都想笑。

寒冬终于过去，春天早早地到来，迎春花迫不及待地吹开黄色的小喇叭通知大家快点苏醒。温暖的风儿不时地从染料盘中泼出大块的绿色、黄色，还淅淅沥沥地滴下若干红色、蓝色、紫色……贵如油的春雨也经常下来探望，将原本干涸得只剩下一丛丛茎秆的稻田注满了春水。稻田的水面上漂着一朵朵浮萍，互相眷恋着，分离着，藕断丝连着。体长不到1厘米的淡水小螺椎实螺这时也优雅地出来仰泳了，它们偶尔还跑到稻秆上去散步。逐渐腐烂的水稻茎秆及叶子给这些慢吞吞的家伙提供了丰盛的、张口就来的食物，它们偶尔还"老牛啃嫩草"，浮上水面啃啃绿绿的浮萍，一副很享受的样子。成熟的椎实螺在水中交配后，将它们的宝宝产在水稻的茎秆上，用一团透明的胶状物质将小家伙包裹起来，在阳光照射下，好像大粒的樱桃果冻，闪闪发光。若干天后，椎实螺小宝宝出生了，它们黑压压地在稻田中吃着、移动着。

度过了一个漫长冬季的我们也苏醒了，由于怕危险，白天我们不敢出门，除非饥肠辘辘。晚上是我们的大好时光，我们个个精神抖擞，在水底、水草上来回搜寻椎实螺——就是那些穿铠甲的小家伙，现在它们成了

"小牛仔，你们在哪里呢？快给我现身！"水栖萤火虫黄缘萤的幼虫在水底搜寻淡水螺

水陆空三栖明星揭秘

我们的食物。当一只椎实螺悠然自得地悬浮在水中的落叶上啃食时，它哪里知道大祸即将临头。我这时也上了"船"，从它的身后缓慢逼近。椎实螺并不清楚我们水萤幼虫是它们祖祖辈辈的克星，不过等它们知道也晚了。我们会利用发达的触角及下颚须的化学感受器准确地定位椎实螺的位置，并逐渐逼近它们，对它们发动精确的外科手术式打击，用尖而锋利的弯形上颚刺入它们的头部肌肉，并紧紧地咬住，毒素随之通过中空的上颚注入椎实螺的体内。"嗞"的一声惨叫后，椎实螺就彻底明白自己的遭遇了。它们会剧烈地摆动着螺壳，试图将我们捶打下去。但是这个时候它们通常无法摆脱我们，我们会死死地咬住它们，弯过腹部，用尾脚抓紧它们的螺壳，并注入更多的毒素。这些招数都是我们慢慢推敲出来的。对付食物，有些力量是与生俱来的。就这样，可怜的椎实螺逐渐停止了反抗，缩进了螺壳，两个小气泡从螺壳内冒出来。

"小牛仔真好吃！"黄缘萤幼虫在大吃淡水螺

"老牛吃嫩草"——淡水螺类椎实螺在悠闲地仰泳，饿了还可以啃一下嫩绿的浮萍

到了这会儿，我就可以将自己小小的头深深地扎入螺肉中，埋头大吃起来。但是别忙，我们进餐时通常会有陪客，因为我们喜欢和同伴分享食物，在这点上我们是非常有义气的。我的哥们儿经常在我正在饕餮之时赶来蹭饭。我们也见怪不怪了，反正有福同享，有难同当。于是，几个小时

后，这份我辛辛苦苦猎取来的螺肉就被吃得一干二净了。我的两位食客食毕就将沾满螺肉残渣的头缩了出来，螺壳就此滚落下去。你或许会问我们怎么会将螺肉吃得如此干净，是的，我们没有咀嚼式的口器附肢，消化道也只连接着那一对锋利且中空的上颚，也没有专门的毒腺或者唾液腺，我想，也许是因为我

黄缘萤幼虫有时很慷慨地和同伴分享食物

们幼虫会将肠液通过上颚的管道注入螺体内，这种肠液既能麻痹也能分解组织。我们将肉汁分解后吸入体内，毫无疑问这些肠液提前充当了胃的作用，只不过是在体外的胃。

别忙着赞美我们，我们也不总是那么慷慨，有时候我们也会为了食物大打出手，这要看对方是谁，而且在我们中间谁体力好谁就是赢家。但有一点你可以赞美一下，那就是我们是非常爱干净的食客。我们每次吃完大餐后，总是绅士般地将嘴巴揩干净，只不过我们不用纸巾而是使用那只像残败的花朵一样的尾脚。这个动作我可以用慢镜头的方式做给你看：我们的肚子会高难度地弯过来，尾脚不停地伸开、收缩，梳理着小而精干的头及前胸背板，整个梳理过程大约持续十几分钟。

你觉得我们很美？嗯，是这样的，在晚上，我们喜欢打灯，就是在童年时光，我们也喜欢亮起我们的尾灯。可以说，我们一出世就开始在尾部点灯了，就是我们在晚上寻找小螺的时候也不闲着。在我们第八腹节的两侧，长着一对乳白色的圆形发光器，它们会发出黄绿色的光。这光虽然微弱，但在黑暗中却很夺目。我们在幼虫阶段发出的光不像长大后那样有节奏，而是像饱餐后的人类（注意是男性），惬意地点上一根烟，吐出一个个烟圈，悠长而又无序。我们有时候从水底爬过时，会在黑画布上画出一行行荧光火车轨

065

萜烯

萜烯是一系列萜类化合物的总称，属脂类，不溶于水，主要由一些植物产生，特别是针叶树；一些动物也能够产生，如白蚁等；近年来研究发现，在海洋生物体内也提取出了大量的萜类化合物，如海参、软珊瑚等。由于许多萜类化合物是芳烃，所以它们往往具有强烈的气味。

道，新华说我们留下的痕迹颇有点现代印象派绘画的风格。然而这并不是我们在诗情画意地创作，而是一种残酷的自然法则——我们幼虫发光的目的只有一个，那就是警戒天敌。在我们的灯光面前，任何尝试攻击我们的掠食者都需要弄清楚这些问题：这个发着光的丑陋家伙好不好吃？有没有毒？这个家伙的确不好吃，而且把它惹毛了它会放出臭气。这种臭气来自于身体内可翻缩的防卫腺体！

哈哈，这下你知道了吧，在我们的灯光之下，还有一个防御武器呢。我们这些牛角状的腺体平常隐藏在体内，从外表根本无法看到，这些武器的发射口只在身体两侧隐隐可见。当掠食者试图攻击我们的时候，我们幼虫会发光警告，如果警告无效则放出化学武器。这些透明的腺体平常处于真空状态，漂浮在我们的血

黄缘萤幼虫夜晚在水底用发光器作画，其实这是幼虫在边爬行边发光警戒

液中。当我们处于一级戒备时，身体就会缩小，血液压力会增大，腺体的发射口微微张开，腺体内合成的挥发性"松香味"的萜烯类化合物瞬间会倾泻而出，将掠食者赶走。如果掠食者仍然不识趣继续骚扰，血液压力会将我们身体两侧对称的10对白色腺体从"眼睑"状的开口一一翻出，犹如一具具导弹发射器，浓烈、难闻的气味会将掠食者轻松赶跑。

新华说我们的武器有点橙子油的味道。我知道他这是在美化我们，因为我知道他喜欢我们。他告诉了我一个秘密，他有次通过扫描电镜发现在我们这些牛角状的腺体表面密布着非常美丽的花朵状的球形结构，但这些美丽的球形结构十分危险，难闻的挥发性有毒化合物就是从这里释放出来的。放大7000倍后，可以清楚地看到这些球形结构的四周呈对称结构，如花瓣状，两瓣、三瓣、四瓣、五瓣、六瓣，真是非常的神奇。他还通过超薄切片及透射显微镜发现我们每个球状结构连接着一个巨大的分泌细胞，细胞内具有发达的线粒体和密集的管状内质网。他推测正是这些细胞从血液中获取一些前体化合物并在腺体及球状结构内加工，再通过球状结构释放出去。

有一些陆生萤火虫幼虫如短角窗萤等也具有类似的防卫腺体结构，但都不如我们水栖萤火虫幼虫这样能够将它们运用自如。为何我们大多数陆生萤火虫家族不具有类似的结构，而几乎所有其他的水栖萤火虫均具有如此有效复杂的防卫腺体结构呢？新华说这是一个谜，以后他会慢慢告诉我的。目前他只能推测为我们水栖萤火虫较陆生萤火虫的生存环境更为恶劣，在水中生存的我们皮肤柔软，能更有效地翻缩腺体进行防卫。他有次当着我的面将我那些兄弟中大小不一的水萤幼虫放在一个装有水的培养皿中，分别测试它们对小木棍骚扰的反应。小木棍骚扰行为测试实验分为四个等级：a. 缓慢靠近幼虫；b. 轻触幼虫的身体；c. 将幼虫翻个身；d. 用力挤压幼虫。结果相当有趣，我们小个体的幼虫总体倾向于逃跑，而大个体的幼虫更会防卫。

黄缘萤幼虫是个爱干净的家伙，他经常用尾脚给全身做清洁

在水中进行防卫的幼虫大多发出警戒性的光,而非翻出腺体防卫,也没有松香味道的化合物释放出来。当然在最强烈的第四等级的刺激下,大多数的幼虫都发光、翻出腺体、释放化合物。当他把我们的另一批兄弟放在干燥的纸巾上再进行同样的测试时,它们显得非常敏感,更容易发光、翻出腺体、释放化合物。

我们是些贪吃的家伙,会不停地吃上10个月,然后突然有一天醒悟了,不吃了,那也就是我们快到化蛹的时候了。这时,我们会聚集在水陆交界处,适应一个星期左右,然后正式登陆——那是一条充满坎坷和未知的命运之路。征途终于开始了:我们在夜晚小心谨慎地缓慢爬上岸,寻找合适的土缝钻入。在上岸的过程中,我们呼吸鳃基部的气门开始正式发挥作用了,它们直接从空气中吸入氧气。陆地对我们来说是一个危险的所在,比水中面临的危险更多,所以为了防止攻击,警戒性的发光器需要时刻亮起并警惕随时可能扑来的掠食者。此时,我们也比在水中更容易翻出臭腺进行防卫,这可是冒着巨大风险的,我们合成这些可以驱赶掠食者的化合物是需要相当漫长的时间和能量的,一旦这些化合物释放完毕而掠食者还未被赶走,其后果是可以想象的。另外,翻

"Shit,我被蚂蚁包围了,这帮混蛋蚂蚁也不怕我发光,今天死定了"

出这些腺体后，由于缺少了水中的压力，我们很可能无法将这些腺体收回，或者会将一些粘在腺体上的泥土也带入到体内，并最终造成感染而死亡。所以这种翻出腺体防卫的代价极大，翻还是不翻，是个生死攸关的抉择。

当我们幼虫找到一个合适的土缝或者小洞时，会很快钻入并开始建造蛹室，将自己封闭起来，在里面进行痛苦的蜕变。新华在实验室中用土建造了一个倾斜的土坡，在土坡上钻了若干深1.5厘米、直径0.5厘米的小洞，详细地记录了我们幼虫建筑蛹室的整个过程。

这是新华给我看的一份记录：一只幼虫发现了一个土洞，它小心地在四周巡视了一番，确认没有危险后，慢慢钻入洞中，然后又倒退而出，在洞口爬行检查。这个动作重复了好几次，最后它确定没有危险，这才安然地倒退钻入洞中。在这个洞里，它安静地待了几天，不吃也不动，但我怀疑它一直在用身体将洞的内壁压实以防止塌方。终于，在洞中沉寂了三天的幼虫开始活动了，它在夜晚悄然爬出，用发达的上颚在洞外衔土，然后倒退爬入洞中，在洞周一点一点将自己封闭起来。在最后快封闭洞顶的时候，它不再爬出，而是在洞的内壁弄下一些土来封顶。我推测幼虫的上颚在夹土的同时，会分泌一些肠液制造类似混凝土的效果，使得蛹洞的顶部更结实，更能抵御掠食者的侵扰。它闭关了，我也只能离开了，等过两天再来看它。三天后，我用尖头镊子轻轻地打开了它的蛹洞，它已经一动不动了，像个婴儿般蜷缩在里面。头和尾几乎靠在了一起，呈一个"C"字形。它感觉到了振动，尾部的发光器强烈

暗适应

当人长时间处于明亮环境中，突然进入暗处时，最初看不见任何东西，经过一定时间后，视觉敏感度才逐渐增高，才能逐渐看见在暗处的物体，这种现象称为暗适应。这是视细胞基本功能——感光功能的反映。相反，当人长时间在暗处而突然进入明亮处时，则会有一个明适应的过程。

069

地亮起,然而身体却是纹丝不动,可能内部正在进行剧烈的变化。我屏住呼吸,轻轻地将蛹洞封死,希望没有打扰到它。又过了两天,我再次打开了蛹洞,它已经华丽变身,变得如白色玉佛般晶莹剔透。它是那么的美,眼睛变成了大大的复眼,只不过还是半透明的,它是个雄蛹。它轻轻地动着腹部,腹部的发光器发着光,透露着不安和焦虑。我将它轻轻取了出来,放在铺有

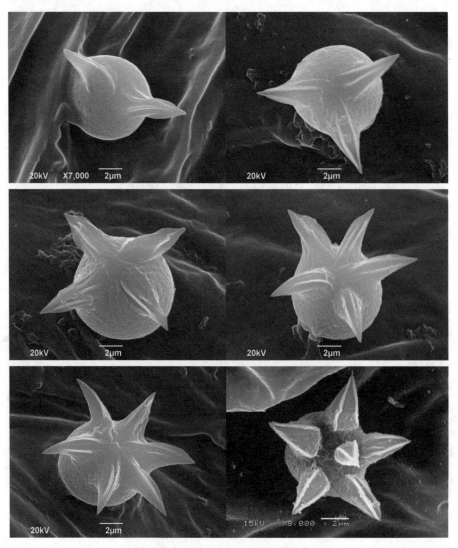

翻缩腺体表面上无数不可思议的艺术杰作

湿润滤纸的透明玻璃培养皿中仔细观察。为了不打扰它,我关掉了灯,它尾部的两个球形发光器依然发着光,抗议着。我突然间发现整个蛹都是发光的。"哇!"我惊叹起来。它全身发出淡淡的黄绿光,比起发光器的光微弱得多。后来我发现雌蛹也有同样的现象,甚至快羽化的时候,身体没有变黑的地方也能发出光来。从关掉灯到发现蛹全身发光,需要眼睛进行2~3分钟的暗适应。很难想象披着黑色丑陋外衣的幼虫,现在竟然变得如此光彩照人。我不清楚蛹为什么会全身发光,或许是蛹的血液中具有了和发光器同样的发光物质?还是蛹的脂肪体在发光?我想我需要进行细致的生物化学分析才能揭开这个谜团,我会的。

　　好了,接下来我就讲讲我们后来的故事吧,就是成蛹之后的故事。大概四天后,我们的蛹开始逐渐褐化了,原本半透明的鞘翅牙开始变黄,复眼开始变黑,一对膜翅隐藏在鞘翅下面也变黑了,我们快要羽化啦。羽化!你知道是什么意思吧?那就是说我们快到成年期啦!我们的蛹在初期阶段仍然保留着一对球形的发光器,一直到成虫羽化后五个小时之内仍然保留着,随时都发着光。当蛹发育到第四天,在幼虫发光器所在的腹节及上方的一节

开始慢慢变成乳白色,平白无故地多出了一节或两节带状发光器(雄蛹多生出两节,雌蛹生出一节发光器)。从第五天开始,我们身上的两个部分,成

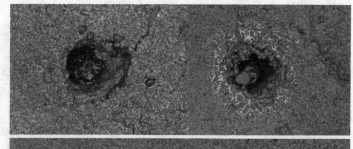
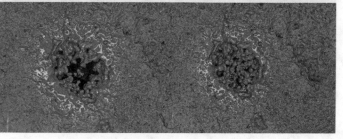

幼虫是个不错的建筑师,建造了自己的蛹室

虫和幼虫的发光器都可以发光，而且彼此协调一致，不会出现"东方不亮西方亮"的情况，要亮大家一起亮，要熄一起熄。有趣吧！只不过到了蛹的后期，成虫发光器会更亮一些，毕竟发光面积比幼虫发光器要大得多。从表面看，我们蛹发出迷人的光芒，可是谁也无法体会到我们在忍受着人类无法想象的痛苦剧变，因为在我们体内开始长成虫的生殖系统了，这消耗了我们大部分的能量。

　　我们的成长过程充满了死亡，有一些蛹没有等到飞上蓝天的那一时刻，就被病毒侵染了，全身变黑变柔软，最后不治身亡。我们经常会感叹世事无常，可又有什么办法呢？成长本身就是一件有风险的事。不过，如果我们能够挺到第八天，我们的蛹会脱下最后一件衣服，变成黑夜里最美的精灵。但此时我们还不能立刻飞上蓝天，还需在蛹洞中待上一天，等待鞘翅彻底变硬，硬到足以支撑起我们全部的身体重量。第九天夜晚，我们中的男生会比较性急，一般都是它们比女生先顶破蛹室那薄薄的一层泥土，去呼吸外界第

"黑暗给我一双眼睛，我却用来寻找光明"——黄缘萤的蛹全身都发出淡淡的光

一口新鲜空气。但男生们暂时还不太适应外界热闹的生活。这会儿，它们会晃动着脑袋，模样显得有点卡通。它们巨大的复眼几乎占据了整个头部，触角轻轻摇摆着，有点新鲜又有点紧张地感受着这个世界的躁动和美好。为预防不测，它们会赶紧点亮尾灯，急促而又温柔地在突然之间张开鞘翅，快速地拍打着空气。此时，它们身底下的世界向后倒退，变得越来越模糊。它们飞向了暗蓝色的天空，以满天繁星的方式点亮黑夜。

　　紧接着，女孩们也羽化了，它们害羞地躲藏在草丛中，等待着天黑，那充满诱惑和爱情的黑。太阳披着红色的斗篷慢慢消失在天边，青蛙也开始呱呱求爱，微风轻拂着小草，五月的夜晚一切都是那么地令人想入非非。我们的姑娘抓住了一棵小草的茎秆，尾部稍微卷曲，发光器朝天闪光，其光如心跳般缓慢，散发着无法抵挡的诱惑力。黑夜中，到处都有诱惑和陷阱，它们张着黑洞洞的大口，吞噬着鲜活的生命，姑娘们只要一不留神就会深陷其中，无法自拔。此时，它们同小伙子们一样——在寻找爱情的途中，不光要躲避空中的杀戮机器蝙蝠，还要提防隐藏在黑暗之处守株待兔的蜘蛛。

　　让我来描述一下我们最为畏惧的蜘蛛先生——大腹园蛛，我们都称这

黄缘萤雄蛹

黄缘萤雌蛹

家伙为"纺织手"，它喜欢在黑暗中布下天罗地网，其成功的秘诀是以不变应万变。大腹园蛛滚圆肥厚的肚子中有多个纺丝器，可以产生不同的丝，如框架丝、无黏性的放射丝和用于捕获猎物的螺旋丝。利用这些不同的丝，这个凶手能编织出非常美丽的、精致的圆形网。它白天一般用一根粗丝固定在枝条上，躲在附近卷曲的枯叶中；天快黑的时候，它就开始忙碌起来了，因为它要为它的猎物编织一张死亡之网。我曾经观察过我们这个敌人，它的作案方式通常是这样的：天一黑，大腹园蛛腹部的纺器就开始分泌黏液，这种黏液一遇空气即可凝成很细的丝。细丝随风飘落到树枝或杆状物上，固定后作为一个支点，这是第一步；第二步，它会沿着原点爬到支点，由纺器拉出一条直线状的长丝，然后垂直下行，由纺器带出的另一条丝作为固定圆网框架的另一个支点，形成类似于倒三角形或 Y 形的支撑架；第三步，在完成支撑框架后，它会爬回到中心继续结网，构筑放射状的骨架丝线（放射丝），用来支撑整个圆网结构；最后一步，在骨架完成后，它会以逆时针的方向织造螺旋状丝线（螺旋丝）。螺旋丝上有水珠似的凸起黏珠，这种黏性物质是用来黏住猎物的——所谓猎物，大多数时候都是我们本身。一旦触网就会被黏住，而且越挣扎就会被捆得越紧。

　　大腹园蛛是个近乎全盲的肥胖的家伙，然而它在网上却行动自如，我很奇怪为什么这个瞎子不被自己的线绊倒。我亲眼见过大腹园蛛的整个行凶过程，至今回想起来后脊还冒冷汗。有一次，我的一个兄弟急于赶去与它的女友约会，冷不丁撞上了奸恶无比的大腹园蛛偷偷架在它必经之路的丝网上。我这位兄弟知道情况不妙，但除了挣扎别无办法，结果网越缠越紧，最后它绝望了，只能一动也不动，只是尾部还发着

黄缘萤女生，身份小队长，一条杠杠　　黄缘萤男生，身份中队长，两条杠杠

明亮的闪光。但是，它的闪光没能吓跑那只残暴、阴险、狡猾的蜘蛛。相反，躲藏在阴暗处的大腹园蛛通过网的振动发现了落网的食物，这个凶手迅速地跑了过去。我不知道这个瞎子怎么会反应那么灵敏，它用自己多毛的爪子抓住了我兄弟，非常灵巧地用两只前足翻滚着它的身体，同时腹部的纺丝器吐出细细的丝线将我这个可怜的兄弟包裹了起来，最后只露出它的一对眼睛。

这样残忍的事情每天都在发生。可以这样说，只要我们来到陆地上，就会每天面临这样的危险。爱情虽然诗情画意，但有时却需要以生命作为代价。

好了，现在让我们来到我们的伊甸园看看我们是怎么恋爱的吧。恋爱，是我们萤火虫生命的高潮。我们过了将近一年的孤苦寂寞的"地下生活"，为的就是这十几天的绚烂。我有一个心上人，我们的相识过程非常简单：有一天晚上，它在稻田旁边的草丛中，一边欣赏着它身边众多追求者为获取它的

"黑夜，我来了，那里有我的爱情。"日落后，黄缘萤雄萤在起飞前热身

075

芳心而做出的花样百出的表演，一边发出缓慢温柔的闪光脉冲。就在那一刻，我迷恋上了它。

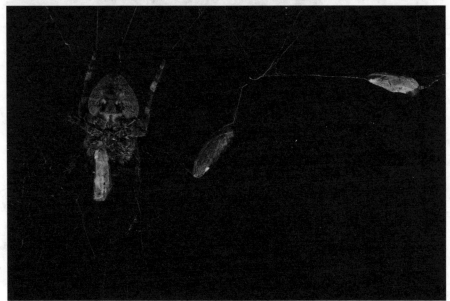

邪恶的大腹园蛛布下了死亡之网，几个"中队长"在赴玫瑰之约途中不幸中招

先插一句,我们水萤家族有个规矩,雄萤们不允许像其他残暴的生物一样靠大打出手来争夺配偶,它们只能靠自己的闪光节奏来讨好雌萤,而且整个过程要表现得非常绅士。可以这样说,闪光就是我们的绵绵情话,除此之外,我们不允许使用其他的手段。姑娘们选择配偶非常谨慎,甚至可以说得上苛刻,因为它们一生只能交配一次,所以必须选择基因优良的情郎;而男生们则可以多次交配,它们必须努力地竞争以便将自己的基因最大化的传播。

"嘿,我先到的。""那又怎样?爱情不是排队买烧饼。你得凭实力。"两位男士在同时追求一位漂亮女士

"亲爱的,我在这里。"黄缘萤含羞默默地在花丛中向空中的男士们表白

我看到它回应了我的闪光信号,这种语言只有彼此倾心的萤才懂。我有点欣喜若狂,看样子它也看上我了。在经过一番交流后,我们决定快速完婚。时间不多了,再过几

虫生最惬意的莫过于"洞房花烛夜"

天，我们的生命就要结束了，特别是对我的心上"人"来说，它必须得在有生之年把后代生下来。于是，在它的示意下，我小心翼翼地从它的左侧爬上了它的背部，用右边的三只脚快速地轻敲着它的鞘翅。看到我们这么快就进入洞房，其他的追求者只好悻悻地飞走了，不过它们并不会因此而受挫，天涯何处无芳草，还有更多的姑娘在远处等着呢。这是一个恋爱的季节，只要坚持下去，几乎所有的小伙子都能找到对象。

　　虽然写到这里我有点不好意思，但我还是决定把如下虫生最为销魂的事告诉你，因为新华坚持要我把下面这些段落写出来，他说这是科学，不是……（此处略去一个词，哈哈。）当其他小伙子离开后，我开始耐心地抚摸着我的女朋友，不，这会儿她已是我的新娘了，我必须确保她兴奋起来。我的三叉状的阳具这时从左侧插入了她伸出的生殖管并牢牢将其锁定。之后，我来了个180°的逆时针旋转，与它形成了尾对尾的交配姿势。在整个过程中，我都非常专注，很少发光，而我的新娘似乎也很享受这一过程，时不时地发出微弱而缓慢的光来表明它的愉悦。现在是我们最为迷醉的时刻，但就是在这样的时刻,危险也是无处不在的,所以整个过程我们都进行得很隐秘。

但是,请原谅我的薄情,因为这也是没有办法的事。我们的事一结束,我就丢下它飞走了,我要继续去追求另外的异性;而它还有最重要的任务,即必须找到一个靠近水边的潮湿苔藓来产下我们的后代。它的故事我是后来听说的,在我离开它之后,它给我生下了80~250个后代,也就是80~250粒卵。原谅我没有仔细数数,我估计就这么多。但是这个生宝宝的过程非常艰辛,因为它不像黑寡妇蜘蛛和螳螂那样可以吃掉情郎来获得额外的能量,在短短的12天成虫期,它只补充了一点水分,没吃过任何固体食物,只依靠幼虫阶段积累的脂肪来挺过了这些天。当能量完全消耗掉后它就死了,而所有的努力并没有白费,20天后,我们的后代,即一批强壮的新生代出世了。

"别碰我,离我远点,没看我在忙着吗?"交配完的黄缘萤雌萤在专注地产卵

我们的后代刚刚孵化的时候,它们身长仅有2毫米,由于我们都不在它们身边(它们的母亲已经去世了,而我也很快就要离开了,我是在生命的最

后阶段写的这篇自传),它们只能依靠本能。本能将驱使它们朝着湿润的方向爬去,它们必须在最短的时间内进入水中,否则自身的水分将会被空气迅速榨干。我们当年就是这样过来的。然而能顺利进入水中的幼虫还要面临无数的危险,它们中的大多数将成为掠食者的食物,就像我那些早夭的兄弟们。能顺利地体验完生命历程的往往不会超过2%。

生命是这样的脆弱,每走一步都充满了死亡。在我将死的最后一刻,一切都是这样的完美。回忆起我们的童年、少年,以及那两周的飞翔生活,有寂寞,有惊险,有甜蜜,有自责,生命是这样的多姿多彩,又是那样的短暂易逝。有千言万语,如今我却只想说一句:我来了,我又去了。

生命就是一场无言的旅行。

没来得及看自己的宝宝出生,黄缘萤妈妈就撒手而去

苔藓中的新生代

快接近孵化时,卵宝宝们都发出微弱的荧光

新生代诞生了,希望再一次延续

我和我兄弟姐妹的写真

No.1
边褐端黑萤

蛹室内的蛹全身发出淡淡的荧光

我和我兄弟姐妹的写真

刚刚从蛹室里羽化的边褐端黑萤的雄萤

幼虫在做蛹室

已经做好的蛹室,突出于地表,像一座座金字塔一样

我和我兄弟姐妹的写真

雄萤在空中飞累了,停下来歇歇脚

它们躲在花下"嘿咻"

"我的爱人在哪里呢？"

我和我兄弟姐妹的写真

危险在逼近

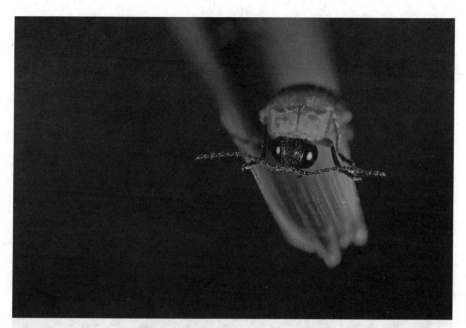

飞累的雄萤喜欢停留在草尖上歇一歇

夜色中的精灵

我和我兄弟姐妹的写真

雄萤在草尖上上下爬动

雄萤被大腹园蛛捕获,大腹园蛛用足将雄萤不停翻
转缠丝,可怜的萤火虫发出明亮的光,却无法挣脱

大腹园蛛在享用触网的萤火虫

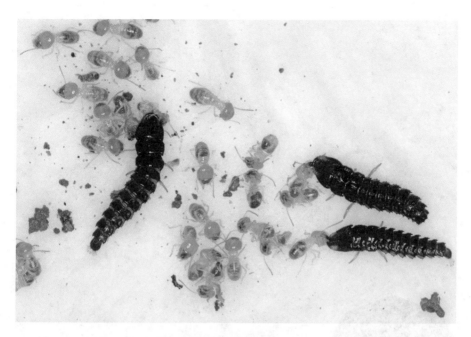

幼虫在捕食白蚁

即将发育成熟的幼虫

我和我兄弟姐妹的写真

No.2
扁萤

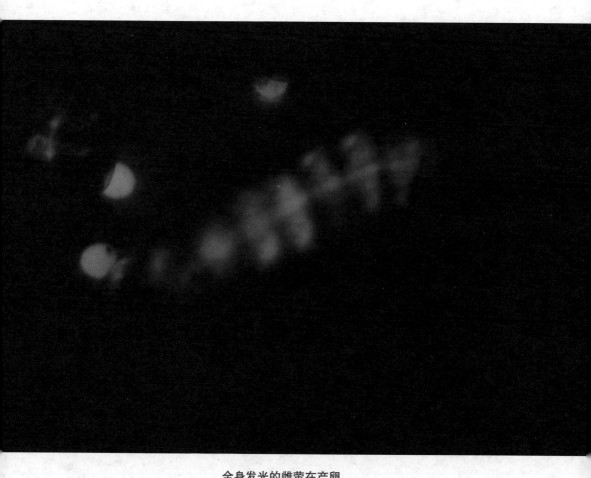

全身发光的雌萤在产卵

我和我兄弟姐妹的写真

扁萤的雌萤是没有翅膀的，它在夜
晚会点上两盏小灯来寻求爱情

扁萤的卵在黑夜中发光,宛如粒粒夜明珠

我和我兄弟姐妹的写真

No.3
天目山雌光萤

最具母爱的萤火虫。雌萤将身体蜷曲环抱着卵，开启身上三排小型发光器（32个之多），进行警戒护卵

幼虫形态的雌萤

我和我兄弟姐妹的写真

雄萤被雌萤硕大的发光器吸引，飞过来请求交配

↑雌萤在傍晚爬行的时候，会亮起所有的发光器

↓雌萤将尾部的大型发光器翘起，朝天发光

我和我兄弟姐妹的写真

No.4
黄宽缘萤

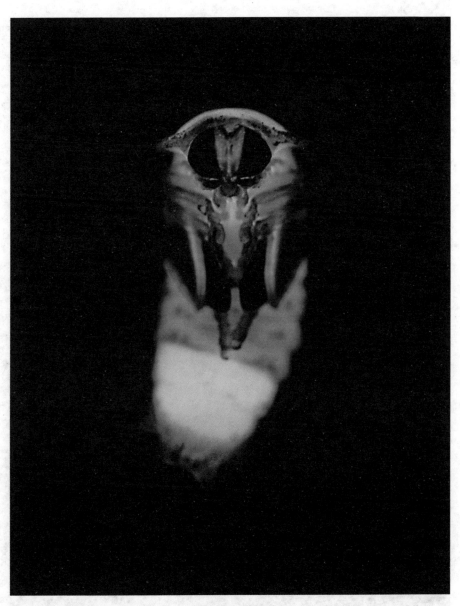

即将羽化的雄蛹

我和我兄弟姐妹的写真

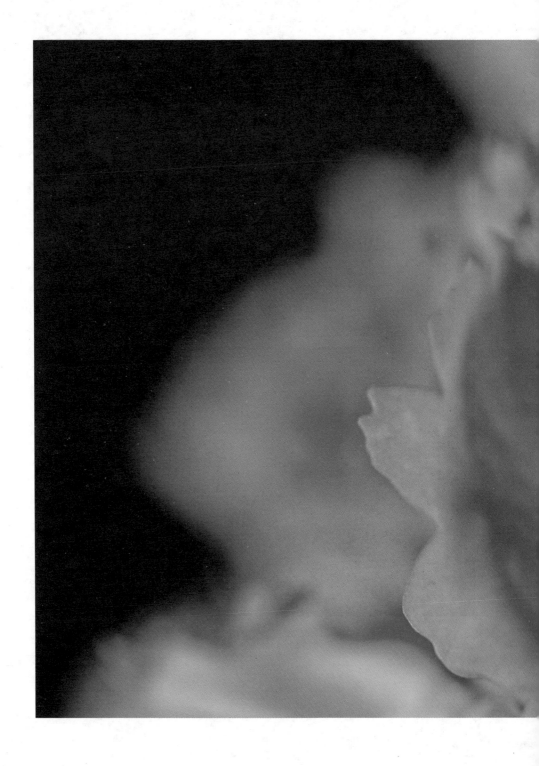

"我的美人，你在哪里？哥找你很辛苦！"

我和我兄弟姐妹的写真

一只雄萤降落在草地上,盲蛛感受到了振动,爬了过去,抓住了它

黄宽缘萤的幼虫在寻找"小牛仔"

一只瞎子般、走起路来颤颤悠悠的盲蛛走了好运，捕到了一只雄萤

我和我兄弟姐妹的写真

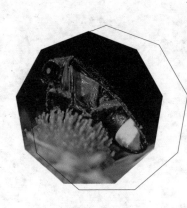

No.5
武汉萤

武汉萤的雄萤

躲在树叶背后的武汉萤

我和我兄弟姐妹的写真

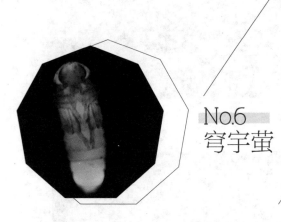

No.6
穹宇萤

栖息在垂下的草尖上的穹宇萤雄萤在努力地朝雌萤闪光求偶

穹宇萤雄萤

我和我兄弟姐妹的写真

穹宇萤雌、雄萤在交配

穹宇萤幼虫在觅食

我和我兄弟姐妹的写真

穹宇萤幼虫在非常潮湿的石头上觅食,同时发出缓慢而明亮的绿色光芒

No.7
三叶虫萤

我和我兄弟姐妹的写真

三叶虫萤幼虫

三叶虫萤的雄萤

我和我兄弟姐妹的写真

No.8
端黑萤

长有硕大复眼的雄萤

我和我兄弟姐妹的写真

小喇叭似的蛹室

刚孵出来的端黑萤幼虫可以结群攻击一只蚂蚁，并瞬间将其肢解

雄萤的背面

雌萤的腹面有一节发光器

雄萤的腹面有两节发光器

我和我兄弟姐妹的写真

雌蛹

身披黑色的成熟幼虫,外壳坚硬得像盔甲

我和我兄弟姐妹的写真

No.9
条背萤

即将羽化的雄蛹,旁边环绕着脱落的幼虫表皮

我和我兄弟姐妹的写真

幼虫也会爬出水面找螺吃

条背萤的幼虫在捕食一只"小牛仔"

条背萤的雄萤受到惊扰的时候，足会流出难闻的血液进行防卫

我和我兄弟姐妹的写真

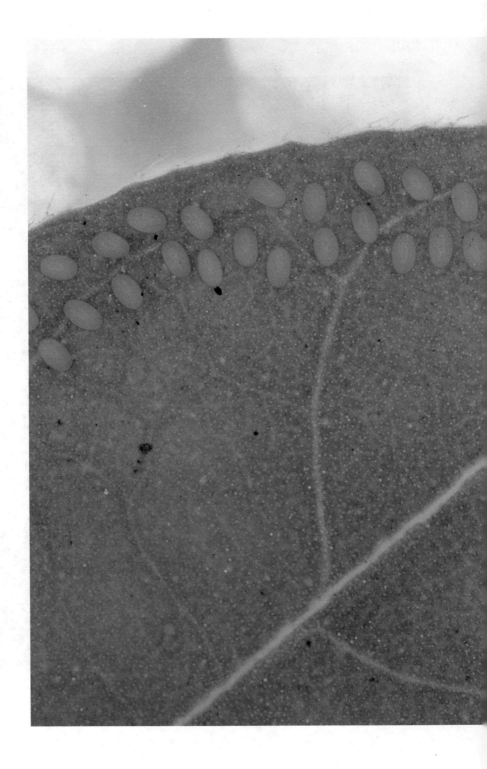

产在水草叶片背面的卵，在孵化前一直被水浸没着

我和我兄弟姐妹的写真

幼虫是个仰泳高手，它用足向后划水，尾巴上下拍水，从而得以悠闲地漂在水面上

条背萤雌萤

成熟的幼虫腹面 　　　成熟的幼虫背面 　　　条背萤雄萤，最后一节发光器呈"V"字形

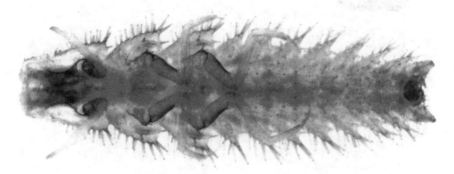

刚孵出来的条背萤幼虫身上毛茸茸的，那是它的呼吸毛

我和我兄弟姐妹的写真

No.10
胸窗萤

胸窗萤的雌萤将腹部弯曲，朝天发光求偶

我和我兄弟姐妹的写真

中国科普大奖图书典藏书系

↑胸窗萤的雌、雄萤在交配

↓幼虫在贪婪地吃蜗牛，可怜的蜗牛快只剩下壳了

刚孵出的幼虫

我和我兄弟姐妹的写真

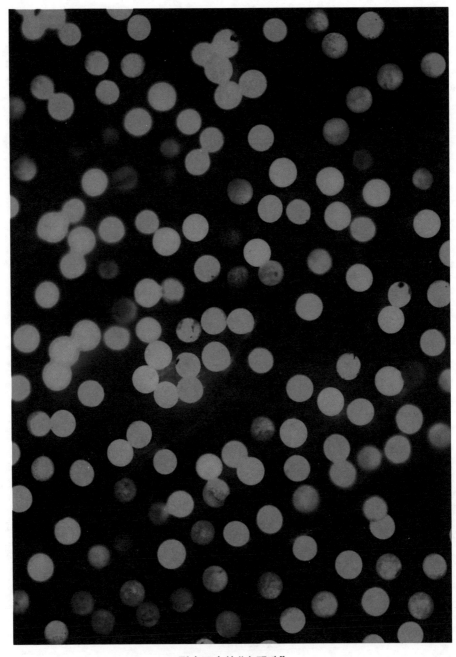

刚产下来的"夜明珠"

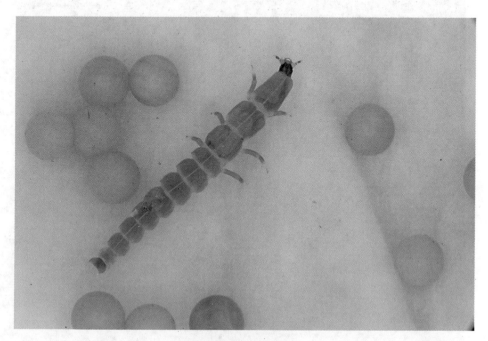

刚孵出来的胸窗萤幼虫

我和我兄弟姐妹的写真

在花瓣上爬行的小蜗牛

↑胸窗萤的雄蛹在发光

↓正在羽化的胸窗萤雌萤

我和我兄弟姐妹的写真

No.11
其他成虫

"我要飞得更高！"雌性大端黑萤可以飞到很远的地方去产卵

一种日行性的窗萤雄萤

一只雄性短角窗萤命丧于一只恶毒的棒络新妇蜘蛛之手

短角窗萤上网了，不过这可不是件妙事

我和我兄弟姐妹的写真

付新华大别山考察（摄影/孙晓东）

我和我兄弟姐妹的写真

付新华在素山寺考察

后 记

　　第一次接触萤火虫，是初中时从父亲给我买的一套老版的《十万个为什么》中看到的。书上讲萤火虫的幼虫可以麻醉蜗牛，并且将它们消化成肉汁喝进肚子，而且通常还会邀请同伴一起享用。童年中除此之外，再无其他关于萤火虫的故事了，直到来武汉读研究生时才第一次碰到萤火虫。第一次与萤火虫亲密接触的确把我吓了一大跳，之后便彻底地痴迷于萤火虫了。许多人问为什么这么个山东大汉却研究这么凄美的精灵，我想没有任何理由，就像爱一个人不需要理由一样。

　　读书期间只专注于探索萤火虫的奥妙，直到毕业留校后才走出湖北省去探索其他地区的萤火虫。在这过程中，我发现越来越多地方的萤火虫瞬间就灭绝了，我心中被这现实深深刺痛。这就像自己的孩子走丢了一样，有一种心被抽空的感觉。我深深觉得自己一个人的力量无法保护这美丽的精灵，觉得应该让公众认识到萤火虫的美，才能唤醒人们保护它们的意识。于是我自费购买了相机，开始拍摄那迷人的美，并开始写科普文章来宣传保护萤火虫的重要性，于是慢慢地发展成了这本书。在我寻找萤火虫的过程中，许多朋友给了我鼓励和支持，让我有了继续前行的动力，我深深感动。

　　2014年我创立了（湖北省）守望萤火虫研究中心，以一个团队的力量去保护美丽却脆弱的萤火虫。很多无良商家将萤火虫从山里抓到城市里，不管它们的死活而来换取一点城里人的惊叹，我们要努力使它们免受这种悲剧的伤害。尽管如此，还是有很多所谓的萤火虫主题公园开放，大量萤火虫没有在它们的家园里留下后代而横死城市之中。果真是亮了多少城,暗了多少虫。我们的力量比较渺小,只能踏踏实实做点小事和实事,希望人们能慢慢理解我们的苦衷,和我们一起保护萤火虫,给我们的孩子留下一份美丽。

一只萤火虫的旅行,也就是自己的旅行,是要在旅行中发现真善美和对生活的反思。任何的旅行,都只是一个起点,一个让我们重新找回过去的起点,永远没有结束的起点。在旅行当中,人性的光芒会慢慢闪耀起来。

付新华

2017年1月1日/武汉狮子山下